湛庐 CHEERS

与最聪明的人共同进化

HERE COMES EVERYBODY

苦难的意义

意义

[加] 保罗·布卢姆
Paul Bloom 著
王培 译

THE SWEET SPOT

中国纺织出版社有限公司

保罗·布卢姆

- 多伦多大学心理学教授
- "耶鲁大学最受欢迎的心理学教授"
- 美国哲学与心理学协会前主席
- 普惠大众的明星科学家

Paul Bloom

"耶鲁大学最受欢迎的心理学教授"

保罗·布卢姆出生于加拿大魁北克省的一个犹太家庭。1990—1999 年，他在亚利桑那大学教授心理学和认知科学，并于 1999 年起任耶鲁大学心理学和认知科学教授，然后于 2021 年加入多伦多大学心理学系，同时也是耶鲁大学心理学名誉教授。

在耶鲁大学任教期间，布卢姆是学校公认的最受欢迎的教授之一。2007 年，他的"心理学导论"课程被耶鲁大学选为最受欢迎的课程之一，并通过网络向全球开放，目前已有数千万人受益。后来他又完成了第二门名为"日常生活道德"的大型开放式网络课程，向数万名学生讲授道德心理学。2004 年，他获得了耶鲁大学颇负盛名的莱克斯·希克森社会科学领域杰出教师奖。2006 年，他又因为"对心理学科学的持续杰出贡献"被授予美国心理学协会（APS）会士。

横跨众多研究领域的美国哲学与心理学协会前主席

2002 年，布卢姆因为在早期职业生涯中对哲学和心理学跨学科研究的杰出贡献而获得了美国哲学与心理学协会（SPP）颁发的斯坦顿奖，并在 2005—2006 年担任该学会的主席。而在十余年前，布卢姆就已经开始了他横跨多个领域的研究，"跨界者"和"变革者"是他在学界同行眼中的典型标签。

1990 年，他和著名语言学家史蒂芬·平克共同发表了轰动学界的论文《自然语言和自然选择》，该论文回顾并批驳了诺姆·乔姆斯基提出的关于"语言不是进化的产物"的相关论断，被公认为"是概述有关语言进化的讨论的极好开端"。该论文发表后的 10 年中，关于语言进化的研究在文献中的增速比之前提高了 10 倍。

布卢姆还通过大量研究颠覆了人们对快乐与痛苦的普遍认知，指出"我们并不是基于简单的感官享受而去追求愉悦感，我们甚至会在某些情况下主动寻求痛苦"。2011 年，布卢姆因对愉悦感的相关研究而获得了美国心理学会颁发的威廉·詹姆斯奖。《纽约时报》不无赞赏地指出了其研究的内核："布卢姆追求的是比单纯感觉良好更深层次的东西。他分析了我们的大脑是如何进化出某些认知技巧来帮助我们应对物质世界和社会世界的。"

2016 年，布卢姆再次抛出被平克形容为"令人震惊"的论断，在《摆脱共情》一书中，他推翻了学者和大众普遍认同的"共情就是好的"这一假设，揭示共情才是人类冲突中最深刻但长久被忽视的根源之一。该书因改写了人们对共情的普遍认知而受到广泛关注，被评为《纽约邮报》2016 年最值得关注的图书""2016 年 12 月亚马逊最佳图书"。

布卢姆还是思维与发展实验室（Mind and Development Lab）的负责人，该实验室的所有项目都有很强的跨学科性，横跨认知科学、社会和发展心理学、进化学、语言学、神学和哲学等学科，在这些学科间的游走与碰撞中，布卢姆带领其实验室成员一次又一次地走在了科学发现的最前沿。

发现"婴儿的道德感"的儿童发展心理学家

作为国际公认的儿童发展心理学、社会和发展心理学、道德心理学领域的专家，布卢姆着眼于人类是如何发展道德观念、道德自我和自由意志的，弥合了道德心理学和认知心理学之间的鸿沟。2000 年，他因为对儿童如何学习词汇含义的出色研究获得美国出版商协会颁发的心理学卓越奖。而他更著名的成就当属发现婴儿的道德感。

布卢姆和妻子卡伦·薇恩是著名的耶鲁伉俪，薇恩在退休前是耶鲁大学心理学和认知科学教授，还是著名的婴儿研究员。布卢姆带领薇恩等人进行的一项研究发现，在面

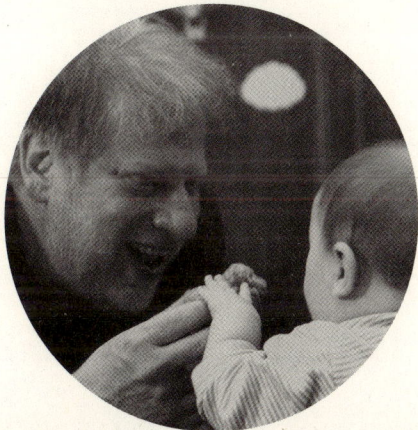

对帮助他人的"好人"和伤害他人的"坏人"之间，婴儿会天然地选择"好人"。这一结论有力地驳斥了人类生来就没有任何道德情感的观念，指出我们有某种与生俱来的道德感。

布卢姆因为这项研究在 2017 年获得了奖金达 100 万美元的克劳斯·J. 雅各布斯研究奖，该奖项旨在表彰全球对研究和改善儿童发展和生活条件做出科学贡献的个人。雅各布斯基金会宣传负责人亚历山德拉·金策尔对此称赞道："布鲁姆关于婴儿在发展过程中培养善恶鉴赏能力的研究对教育工作者、临床医生和政策制定者具有深远的影响，了解婴儿何时以及如何发展道德心理有助于促进人类的道德发展，并为建立更公正的社会的各种计划和干预措施奠定了基础。"

▌普惠大众的明星科学家

布卢姆不仅是一位优秀的科学研究者、发现者，还致力于通过演讲、公开课和写作等形式将前沿的科学研究成果普及给大众。他是《科学》杂志评出的 Twitter 上最有影响力的 50 位明星科学家之一，是 TED 演讲中关于快乐的科学话题最受欢迎的演讲者之一，他的演讲、对谈和课程的视频在 YouTube 上反响强烈，观看量近千万次。

自 2003 年以来，布卢姆一直担任学术期刊《行为与脑科学》的联合编辑。他还持续将研究成果发表在《自然》和《科学》等科学期刊以及《纽约时报》《卫报》《美国科学家》《纽约客》《大西洋月刊》《石板》等主流媒体上，并担任《大西洋月刊》的特约撰稿人。他在《大西洋月刊》中的文章《上帝是意外吗？》荣获 2006 年美国最佳科学写作奖。他的著作畅销全球，深受科学爱好者的追捧，包括《苦难的意义》《摆脱共情》《善恶之源》等 6 本书，常年占据各大销售榜单。

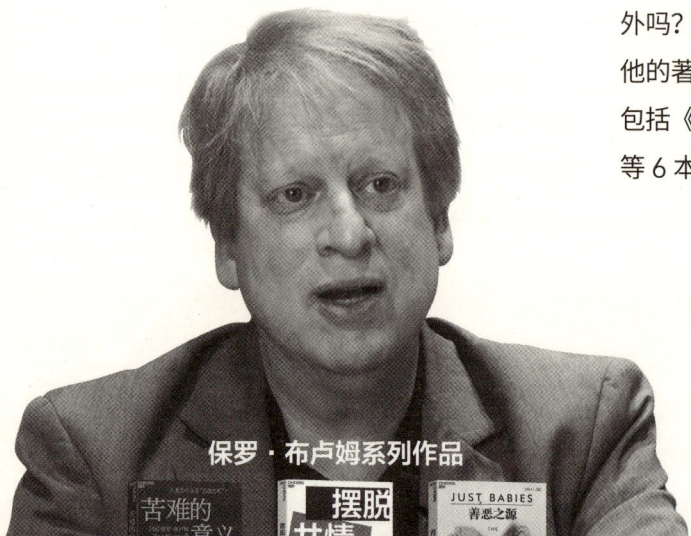

保罗·布卢姆系列作品

献给克里斯蒂娜·斯塔曼斯

我的唯一

你知道如何科学地理解苦难吗？

- 在极端困境中最有可能存活下来的人往往有更大的人生使命感，有某种目标、计划或人际关系，有某种活下去的理由，这是真的吗？

  A. 真

  B. 假

- 研究表明，生闷气和沉浸在痛苦中也会让人体会到愉悦感，前提是事情没有那么糟糕，这是真的吗？

  A. 真

  B. 假

- 关于努力，以下说法错误的是：

  A. 一个人的努力程度可通过前扣带回皮质的活跃程度体现

  B. 人们很难在无目的的任务上努力

  C. 努力是出于本能的行为

  D. 努力是有成本的

扫描左侧二维码查看本书更多测试题

什么样的苦难才有意义

很高兴中国读者能看到《苦难的意义》，我想这本书对中国读者来说非常有意义，主要基于如下两个原因。

首先，我在本书中探讨的问题适用于世界各地的人们。这是因为我将绝大多数笔墨用于阐述人类的共通之处，比如，每个人都能感受到厌恶体验的吸引力；每个人都喜欢努力和心流带来的满足感，也乐意沉浸在令人感到恐惧和焦虑的虚构世界中；每个人都能享受某些类型的痛苦；每个人都会被有意义的生活事件所吸引，诸如养育小孩或者创业。这些感受是普遍存在的，因为人类的某些动机是相通的。更概括地讲，本书的立论基础是动机多元论，这一观点认为我们有各种各样的动机和欲望，但它们经常发生冲突，这种状况被视为人性的一部分。每个人都想获得快乐，每个人都想成为有德之人，每个人都在寻找人生意义，类似的情形还有很多，不一而足。这些正是我们共有的人性。

我认为本书对中国读者尤为有意义的第二个原因与文化差异有关。我们知道，生活于不同文化下的人们会以不同的方式获得快乐和追寻意义。我们还知道，生活于不同文化下的人们对幸福、意义和痛苦的价值持不同看法，这就是所谓的关于良好生活之本质的差异化理论。

本书探讨了这些差异，但其中相当多的部分是基于西方视角所做的尝试。这一方面是因为与这些问题有关的大多数研究和理论构建都是在北美和西欧完成的，另一方面是因为我自己人生的大部分时间是在加拿大和美国度过的。我承认这是本书的局限所在，但我认为中国读者应该能敏锐地发现这一点。因此，我很乐意邀请中国读者从中国人的独特视角思考本书的观点，想一想本书的哪些内容能应用到你们的日常生活中，哪些不能。对于本书能带给你们的乐趣和意义，我和你们一样期待。

在这篇序言的结尾，我想对中国读者提一个请求。我非常希望听到你们对本书的反馈，欢迎你们通过电子邮件联系我，告诉我你们的想法。

最后，十分感谢你们对本书产生兴趣，祝你们拥有一段愉快的阅读之旅，也期待你们在掩卷之时发现新的意义，关于生活、关于事业、关于心灵或其他。

痛苦的快乐

　　人生顺遂时，我们容易忘记自己有多脆弱。然而，提醒无处不在。我们总有可能遭受痛苦：下背突然作痛；胫骨突然骨折；头部出现间歇性疼痛。或者，我们总有情绪低落的时候，比如，你意识到你刚刚用播客的"全部答复"功能透露了一个不该透露的隐私。这些例子只是冰山一角，事实上，我们会遭遇各种各样的痛苦，其中一部分还是别人导致的。

　　最简单的人性理论认为，我们会尽最大努力避免痛苦。我们会竭力追求快乐和舒适，希望人生顺风顺水。就本质而言，疼痛和痛苦本身就是我们要回避的。日本家居物品整理大师近藤麻理惠之所以变得富有而出名，正是因为她劝告人们扔掉那些不能"激发快乐"的物品。很多人都把她提倡的"断舍离"视为生活箴言。

　　然而，这一理论是不完备的。在适当的情景和程度下，生理疼痛和情绪痛苦，以及困难、失败和损失，正是我们要寻求的东西。

　　想想你喜欢哪些消极体验。也许你喜欢观看让你流泪、尖叫、作呕的电影；也许你喜欢听悲伤的歌曲；也许你喜欢戳自己的伤口，喜欢吃辛辣食物，喜欢洗烫得令人发痛的热水澡；也许你喜欢登山，跑马拉松，喜欢在健身房和柔道馆被揍得鼻青脸肿。心理学家很早就知道，人们做不愉快的梦[1]的次数多于做愉快的梦的次数，甚至当我们做白日梦[2]时也是如此，尽管此时我们对自己的思维还有一定掌控力。①

　　本书的部分内容将解释为什么我们能从这些痛苦的经历中获得愉悦感。事实上，某些类型的痛苦会在之后带来更强烈的愉悦感，是我们为未来得到更大的奖赏所付出的代价。**痛苦能让我们减少焦虑，甚至能帮助我们超越自我。**选择承受痛苦能帮助我们达成社交目标，能显示我们有多坚强，或者相反，能充当我们的求助信号。诸如恐惧和悲伤之类的消极情绪是戏剧表演和虚构故事的副产品，能为我们带来某些道德上的满足感。在适当的情景下，努力、奋斗和挣扎可以带来由掌控感和心流产生的快乐。

　　这原本会是整本书的主题——探讨痛苦何以带来快乐，书名也将叫作"痛苦的快乐"（The Pleasures of Suffering），尽管它听起来不够巧妙。然而，当我与朋友和同事交谈，阅读心理学家、哲学家和其他学者的著作时，我开始心生疑虑。适用于解释洗热水澡、听悲伤歌曲和在柔道馆找揍的理论实际上并不具备更普遍的适用性。我们追

---

① 正文中以数字上标提示此处内容有更多注释说明或相关参考文献，考虑到环保因素，我们为本书制作了电子版的注释与参考文献。如有需要，请查看全书最后的"本书阅读资料包"页，扫描下方二维码获取。——编者注

求的很多消极体验并不能带来任何意义上的快乐或积极感受，但我们还是会去寻求，哪怕它们只会带来痛苦，不会带来快乐。

　　现在，请想象一种不同的自愿受苦。尽管并不想受伤或者战亡，但人们，通常是年轻男子，有时还是会选择上战场。他们希望经受挑战、恐惧和困难的考验，用一个俗语来形容，就是"受到战火的洗礼"。有些人会选择生养小孩，尽管我们知道生养的过程有多么痛苦，甚至知道所有相关研究得出的结论：随着时间推移，生养孩子带给你的压力将比生活中其他任何时期的压力都大（那些还不知道这一事实的家长很快就会明白）。然而，对于这些决定，我们很少后悔。从更普遍的层面来讲，人生中最为重要的经历都涉及痛苦和牺牲。如果可以轻松应对这些经历，那人生还有什么意思呢？

　　痛苦之于人生的重要性算是老生常谈。它属于很多宗教传统的一部分，甚至在其他问题上有分歧的学者也能就痛苦的价值达成共识。本书大部分内容是在多伦多完成的，这座城市曾举办过一场辩论会，一方是加拿大心理学家、著名的后现代主义批评家乔丹·彼得森（Jordan Peterson）①，另一方是著名的哲学家斯拉沃热·齐泽克（Slavoj Žižek）。他们的辩题是"何谓幸福"。《高等教育纪事报》（*The Chronicle of Higher Education*）中的一篇文章介绍了这场辩论以及两位辩手，引述了他们的观点，并指出两者有一些相似之处[3]。显然，他们都认为痛苦很有价值。彼得森曾写道："人生的意义就在于

---

① 彼得森是多伦多大学心理学教授，他提出的关于如何处理生活中的秩序与混乱的观点影响和拯救了无数人的生活，具体观点见其两部超级畅销书《人生十二法则》《人生十二法则2》，这两本书的中文简体字版已由湛庐策划，分别由浙江人民出版社、中国纺织出版社有限公司出版。——编者注

发现你能承受的最大负担，并承受它。"而齐泽克相信，"唯一令人极度满足的人生就是永恒挣扎的人生"。我认为这些话过于夸张，挣扎真的一定要永恒才算够吗？尽管如此，他们都认可痛苦之于人生的核心价值，就此而言，我与他们是同道中人。

我们倾向于追求更深刻、更具超越性的事物

此外，关于痛苦，本书还从其他维度作了一些探讨。它们大都属于我感兴趣而我认为你也会感兴趣的具体问题：为什么有些人会喜欢看恐怖电影？为什么有些青少年会自残？为什么施虐和受虐式的性爱会吸引一些人？非自愿受苦，比如，孩子夭折，会让我们更有韧性吗？非自愿受苦会让我们变得更仁爱吗？薪水翻倍会让我们的幸福感增加多少？生养孩子会如何影响我们对人生意义的感受？

本书还为关于人性的一种更宽泛的观点作了辩护。很多人认为，人类天生就是享乐主义者，只追求快乐。我想说服你的是，通过仔细考察我们对疼痛和痛苦的喜好，我们会发现前述的人性观是错误的。**事实上，我们倾向于追求更深刻、更具超越性的事物。**

不过，我没有轻视快乐之意。相反，本书将捍卫这样一种观念：人们的追求是各式各样的。这种观念有时也被称为"动机多元论"（motivational pluralism）[4]。我的观点与经济学家泰勒·柯文（Tyler Cowen）一致，他曾写道：

> 就个人而言，良好生活不能归结为任何单一价值。它不

完全与美好、正义、幸福有关。多元论提出了更为合理的各种相关价值，包括人类福祉、正义、公平、美好、人类的顶级艺术成就、仁慈的品格，以及很多不同类型，有时甚至包括截然相反的幸福。人生何其复杂啊！

最后，本书所介绍的一些观点和研究结论能够用于实践。我时常想起很久以前读过的两本书：米哈里·希斯赞特米哈伊（Mihaly Csikszentmihalyi）[①] 的《心流》和维克多·弗兰克尔（Viktor Frankl）的《活出生命的意义》。不管从哪方面来讲，这两本书都不属于励志书，但每一本都提出了关于人性和人类幸福的观点，让很多人重新思考自己应该如何过好这一生。

稍后我将更详细地介绍弗兰克尔，现在我想谈谈《心流》。在我的人生中，我经常发现自己沉迷于追求一个艰难的目标，比如，练习跑马拉松或学习编程。我很少对此反思，直到我读了希斯赞特米哈伊的书，了解到"心流状态"对于幸福和成功的重要性，才第一次意识到，追求艰难的目标很有价值，它的重要性远超我的想象。于是，我开始有意识地让我的生活更多地处于心流状态，这能让我更开心，也更有满足感。

这两本书影响了我和很多人的人生，我希望本书也能做到这一点。

[①] 希斯赞特米哈伊被誉为"心流之父"，在其经典之作《创造力：心流与创新心理学》中，他分析了包括 10 多位诺贝尔奖得主在内的 90 多名创新者的人格特征及他们在创新过程中的心流体验，提出了非常实用的生活建议。该书中文简体字版已由湛庐策划、浙江人民出版社出版。——编者注

　　我读过很多心理学畅销书，知道接下来作者可能会这么写：现在，我应该告诉你，我们正处于危机中。我们不快乐，过着虚无的人生，抑郁、焦虑、懒惰、毫无自制力，还有自杀倾向。这是最糟糕的时代，而你将在书中找到解决之道，这就是你需要立刻阅读本书的原因所在。

　　这是一些优秀著作的惯常写法。在《心流》中，希斯赞特米哈伊花了很长的篇幅阐述经济繁荣何以让我们的人生失去意义感，而当代人尤甚，生活在人生无意义的痛苦之中。他写道："真正幸福的人少之又少。"[5] 在埃米利·伊斯法哈尼·史密斯（Emily Esfahani Smith）的《活出意义来》（*The Power of Meaning*）一书中，她谈到 20 世纪 60 年代以来患抑郁症的人数急剧攀升[6]，随之而来的是，抗抑郁药的服用量也急剧增长，她由此得出结论："绝望和痛苦不仅在增多，且业已成为流行病。"在《失联》（*Lost Connections*）一书中，作者约翰·哈里（Johann Hari）引用了相同的数据[7]，然后写到，他这本书要实现的一个目标，就是解释为什么"如此之多的人明显感到抑郁和严重焦虑"。戴维·布鲁克斯（David Brooks）在其最新畅销书《第二座山》（*The Second Mountain*）的开篇写道："我们的社会似乎在以密谋的方式抗拒快乐。"[8] 他继而说道，"被精神疾病困扰、自杀和缺乏信任等现象激增，令人震惊"。

　　然而，也有很多人认为，相对而言，当今世界是最好的时代。史蒂芬·平克（Steven Pinker）① 是这一观点最有影响力的辩护者。在

---

① 平克是当代著名思想家、语言学家和认知心理学家，他的思想改变了无数人的生活，其著作《当下的启蒙》《白板》《心智探奇》《思想本质》《语言本能》的中文简体字版已由湛庐策划、浙江人民出版社出版。——编者注

《当下的启蒙》一书⁹中，平克提供了大量数据，表明人类社会正变得越来越文明。他研究了数百个案例，证明预期寿命、儿童死亡率、食物供给、识字率、教育水平、休闲时间等方面的问题得到了改善，贫穷、战争、暴力、种族主义、性别歧视等问题的严重程度也在降低。

事实上，抱怨现代社会有弊病与相信现代社会有进步并不矛盾。正如平克审慎强调的，"比前现代社会更好"并不意味着现代社会是"完美的"。平克没有否认很多人还过着凄惨的生活，只是描述了截至目前的社会演变趋势。事实上，因为气候变化或者战争等原因，当今社会有可能变得比过去糟糕得多。

然而，如果你想在人类历史上选择一个时期来度过自己的一生，最理性的选择也许仍是当今社会，尤其是当你来自地球上最贫穷的地区，或者你是一名女性，或者属于少数族裔时。全球每年有数百万人摆脱极端贫困，这一事实足以让我们倍感鼓舞，但其实很多人并不知晓也不重视这一数据。如果我们的行为举止更友善，那我们所抱怨的现代生活中的困扰就会少很多，比如，抱怨 Twitter 上的言论过于粗鄙刻薄，抱怨机舱座位过于狭小。

对于那些相对而言过得不错的人来说，当今世界也在进步。我不谈预期寿命的增长或者凶案的减少这类鲜明的案例，我想谈谈互联网带来的改变。我现在正使用的笔记本电脑可以让我通过互联网读到任何图书，观看任何电影或电视剧，并且它们通常还是免费的。只需很短的时间，我就能听到史蒂夫·马丁（Steve Martin）过往的喜剧专辑，重读普利策奖得主简·斯迈利（Jane Smiley）的小说，跟着艾利斯·库珀（Alice Cooper）的摇滚乐节拍起舞。我年纪够大，因此还能记得年轻时去国外出差，打电话给家人的话费有多高，而且当时要想远隔重洋见到家人的面孔，简直是天方夜谭。那时的我如果看到几周前的我坐在新西兰的咖啡店里，用手机与我在渥太华的侄儿通视频电话，会有多么惊讶！如果人们对这一切没有惊奇感，那只能说明人们很容易对进步习以为常，并且把进步视为理所当然。

尽管如此，我们可能还是想知道，这些进步是否真能让我们对生活感到满意。不是有一种深刻的洞见，认为幸福感来自内心吗？莎士比亚曾写道："世间本无善恶，全凭个人想法而定。"诚然，我们能在富足的社会里过得痛苦，也能在恶劣的环境下心生快乐。

幸福感不是恒定不变的

是的，本书将就这一问题做诸多探讨。不过，尽管这属于太过明显的事实，以至于少有人谈及，但我们还是得承认，如果我们的生理和心理都处于健康状态，那么过上良好生活要容易得多。如果你的孩子即将饿死，或者由于疾病得不到医治，你正处于痛苦之中，你就很难对生活感到开心和满意。因此，生活境况的改善不会对我们的幸福产生影响，这种看法着实奇怪。

事实上，平克强调，至少就近代史而言，随着时间推移，人类的幸福指数是呈上升趋势的[10]。多个国家的多项调查数据显示，人们倾向于认为最近一段时期的幸福感更强；大多数人都认为自己过得很快乐。让我们用数据说话：世界价值观调查项目（World

Values Survey）发现，全球受访者中有 86% 的人 [11] 认为自己过得“相当快乐”或者“非常快乐”。当专家们坚称人类社会充满了痛苦时，他们在无意中道出了有关幸福研究的一个重要结论 [12]：人们低估了他人的幸福程度，因为人们倾向于认为自己才是那个例外的幸运儿。

当然，这种运气并不是均衡分布的。有些国家的民众比其他国家的民众更幸福 [13]。现在，你也许会对幸福感的衡量方式持怀疑态度。别担心，我们很快将谈到“幸福”这个词的语义模糊性，即该词在不同的语言中具有不同的含义，使得国与国之间的比较变得困难。不过，语义的差异并不影响比较结果。像世界价值观调查项目之类的研究会直接询问人们的幸福感，另外一些研究项目则使用了不同的方法，比如，后者让人们为自己的生活满意度打分，0 分代表最糟糕的生活，10 分代表最好的生活。

无论用哪种方法衡量，最幸福的国家总是你能猜到的那些，比如，北欧的芬兰、丹麦、瑞典等国，以及瑞士、荷兰、加拿大、新西兰和澳大利业。这些国家的人均收入很高，预期寿命很长，人们能得到强有力的社会支持。这些国家的民众还认为他们的自由、信任和友善程度很高。

这种国家间的对比让我们知晓了关于实现人类繁荣之最佳条件的一些趣事。正如弗吉尼亚大学心理学家爱德华·迪纳（Edward Diener）及其同事 [14] 指出的，自由主义者和保守主义者都有值得炫耀的主张。诸如累进税制和打造高福利国家等自由主义政策是预测民众幸福指数的指标，而保守主义者强调的诸如经济竞争程度之类的政策也是预测民众幸福指数的指标。其他研究显示，在个人层面，诸如宗教、婚姻、稳定的家庭等传统追求也是预测幸福指数的指标。不过，正如我们将会看到的，生养孩子能否提高幸福指数是一个更为复杂的问题。

这些研究成果还表明，幸福感不是恒定不变的。尽管基因会影响你的幸福感，但你可以通过选择改变居住地来改变你的幸福指数。现在的生活让你很痛苦吗？打包行李，搬到另一个城市居住吧！想让自己的人生体验更多的痛苦？好吧，还有很多幸福指数很低的国家欢迎你前往。你也许会反驳说，实际上并非住在哪个国家影响了一个人的幸福感，比如，瑞典人之所以幸福，是因为瑞典人的基因或者瑞典人的成长环境让他们感到幸福，如果你让他们搬到安哥拉或者古巴这两个地球上经济状况相对更不如人意的国家，他们照样能过得开心。但一些研究显示，尽管你出生的国家的确对你的幸福感有一定程度的影响，但一个国家的移民和土生土长的居民[15]的幸福指数是差不多的。因此，情况的确如此，你居住在哪个国家真的会影响你的幸福感。

如果你的生活过得还不错，除非出于智识上的好奇，否则你为什么要关心过上良好生活应该具备哪些条件呢？

好吧，也许你是一个美国人。如果有人想找到一个处于幸福感危机中的国家作为案例，那美国就是一个绝佳的研究对象。作为一个富有的国家，尽管美国的幸福指数总体排名较高（最新的《世界幸福指数报告》显示，美国在 156 个国家中排名第 18），但与其他发达国家相比，美国的排名并不理想。

　　不仅如此，美国正在经历一段艰难时期。虽然有些观点仍有争议[16]，比如，虽然尚不清楚美国是否真的存在流行性孤独症（loneliness epidemic），但有些数据显然能说明一些问题。全球的自杀率已大幅下滑[17]，自 20 世纪 90 年代中期以来下滑了 38%，然而美国的趋势则相反，自杀率自 2000 年以来上升了 30%[18]。布鲁克斯把这种现象形容为"令人毛骨悚然"，并注意到阿片类药物的滥用也在促进"慢性自杀"[19]。他指出，过去几年美国人的人均寿命已经缩短，这对一个富裕国家而言是一个值得警惕的趋势。他注意到，上一次出现这种情况还是在 1915—1918 年的第一次世界大战期间以及 1918 年的大流感期间，后者导致了 50 多万美国人死亡。

　　布鲁克斯和其他人认为，这一问题的症结在于美国社会出现了意义危机，它与宗教信仰的衰落、整体意义感的丧失和亲密社区的瓦解有关。约翰·哈里在描述这一危机时说，我们"用社交平台上的朋友取代了邻居[20]，用视频游戏取代了有意义的工作，用社交媒体上的状态更新取代了现实世界中的状态交流"。

　　事实上，这些问题早在社交媒体出现之前就存在了。在《部落》（Tribe）一书[21]中，塞巴斯蒂安·荣格尔（Sebastian Junger）描绘了 18 世纪末美国的社会境况，当时有两种文明在同一块土地上争斗。他说，那时"工厂正在芝加哥修建，贫民窟正在纽约扎根，而印第安人则在几千公里之外用长矛和战斧抗争"。在这一冲突的过程中，有些殖民者会被绑架，其中以妇女和小孩居多。令人惊讶的是，尽管生活极度贫困，远离家人和朋友，很多被绑架者竟然会喜欢自己的新生活。她们会嫁给绑架者，成为他们的家人，有时还会与他们并肩作战，甚至会躲避前来拯救她们的人。在某些情况下，她们会被用来交换战俘，在回到自己原来的家庭后，她们通常会逃走，试图重返印第安人部落。

然而，相比殖民者，印第安人就不会做出同样的行为。本杰明·富兰克林在 1753 年写给朋友的一封信中惊叹道："当一个印第安小孩由我们养大，他会学会我们的语言，习惯我们的礼俗，但如果他回去看望亲戚，与印第安人闲聊，他就再也不会回来了。"

荣格尔问到，印第安人身上的哪些品格是看上去更文明的欧洲人所缺乏的呢？他自己的答案是，被俘的殖民者第一次品尝到了另一种人生的滋味，那是一种有意义、有目的和有归属感的生活。

我们已经看到，理性之人担心他们的人生缺乏意义。当然，也有一些不那么理性的人会关心意义问题。在"炸弹客宣言"（The Unabomber Manifesto）中，美国"炸弹客"西奥多·卡钦斯基（Theodore Kaczynski）区分了三类目标：有些目标只需付出最小的努力就能实现，有些需要付出巨大的努力，有些不管付出多大努力都无法实现。卡钦斯基抱怨道，第二类目标已经不复存在。其论点简而言之，正如彼得·蒂尔（Peter Thiel）所概括的 [22]："你能做到的事情，小孩也能做到；你做不到的事情，爱因斯坦也做不到。"卡钦斯基认为解决之道在于摧毁人类社会的所有技术，从头再来。

蒂尔进而指出，这种悲观主义不能就容易认知和无法认知的事物提供任何洞见。他还注意到，这种态度有时并非以暴力，而是以懒散的方式体现。他以"潮人"运动（the hipster movement）为例指出："仿古摄影、八字胡和黑胶唱片机都会让人怀念往昔时光，那时人们仍对未来满怀乐观。如果每件值得一做的事情都有人做过了，那你可能也会假装对取得世俗的成就感到厌倦，然后选择成为一名咖啡师。"

相比过去，现代社会是否遭遇了严重的意义或目的危机，对此我持不可知论。不过，我的确知道，很多人的生活失去了某些东西；我也知道，尽管有意义的生活同样伴随着痛苦、困难和挣扎，但它仍是我们人生疾苦的解药。著名社会活动家格蕾塔·桑伯格（Greta Thunberg）①在 Twitter 上发表的如下帖子，十分典型地体现了一个人找到人生意义后的反应：

> 在我组织学校罢课之前，我整天无精打采，没有朋友，不跟任何人交谈。我只是独坐家中，饮食无度。而这一切如今都过去了，因为我在这个对很多人而言有时显得浅薄和虚无的世界中找到了人生意义[23]。

弗兰克尔得出了与桑伯格相似的结论[24]。20 世纪 30 年代，弗兰克尔在维也纳做一名精神科医生，研究过抑郁症和自杀行为。在此期间，纳粹崛起，于 1938 年占领了奥地利。由于不愿抛弃他的患者和年迈的父母，弗兰克尔选择留了下来。他是数百万犹太人中为数不多的能在奥斯威辛和达豪集中营活下来的幸存者之一。作为一名学者，弗兰克尔将他的狱友作为研究对象，想搞清楚是哪些因素使得有

---

① 桑伯格是瑞典知名气候活动家及环境活动家。她在校期间曾为提高全球对气候变迁问题的警觉性而在瑞典议会外举行"为气候罢课"活动，并因在 2018 年联合国气候变化会议上发言而闻名。她被提名为 2019 年诺贝尔和平奖候选人。——译者注

些人能保持乐观态度，而有些人则无法忍受痛苦，甚至失去活下去的动力，选择自杀。

弗兰克尔得出的结论与人生的意义感有关。**最有可能存活下来的人往往有更大的人生使命，有某种目标、计划或人际关系，有某种活下去的理由。**正如他后来写的（改写自尼采的名言）："一个人知道自己'为什么'而活，就可以忍受几乎任何痛苦。"

作为一名精神科医生，弗兰克尔对心理健康很感兴趣，他一离开集中营就发展出一套"意义疗法"。然而，他对人生意义的强调并不仅仅基于这样一种观点：人生意义能够增强人们的幸福感或心理韧性。

事实上，他相信，那是我们应该追求的生活方式。他很清楚快乐与亚里士多德所谓的凭着理性积极生活所带来的幸福（eudaemonia）之间的区别，后者的字面意思是"良好精神"，但在更宽泛的层面上意指"繁荣"，而这种幸福才是弗兰克尔所看重的。

战争结束后，40 岁的弗兰克尔得以走出集中营，那时他已经一无所有。他的妻子、母亲和兄弟被纳粹杀害，他需要重建自己的人生。他又当起了精神科医生，娶妻生子，然后有了孙子。

弗兰克尔的写作始于那本经典的大屠杀叙事作品《活出生命的意义》[25]。他在 92 岁去世之前刚写完最后一本书。他度过了丰富的一生，充满意义和快乐。

通过特定类型的痛苦，获得人生意义与幸福

我要在这里澄清我的立场。我并不是说，处于痛苦中的人们需要更多痛苦。告诉一个濒临自杀的人，他的生活需要更多痛苦，这么做即便不是极为荒谬的，也是极为残忍的。

事实上，对于某些类型的痛苦，我比很多人都更加警惕。我们将在本书后文看到，有很多研究人员认为生活中的糟糕体验实际上会让你受益。这些研究人员谈到，人们经历创伤后会得到成长，友善和利他之心会变得更强，人生会更有意义感。我不认同这些结论。非自愿受苦是可怕的，能避开就应该避开。

那么，我的立场是什么呢？本书将捍卫三种相互关联的论点。第一，包括疼痛、恐惧和悲伤在内的某些类型的自愿受苦能够成为快乐之源。第二，良好的生活绝不仅指快乐的生活，它还包括对道德良善和意义的追求。第三，有些类型的痛苦，比如，抗争和克服困难导致的痛苦，是实现更高目标、度过完满人生所必须经历的。

我将以下述自白为本书序言作结。在深入研究本书主题之前，我已经了解了人们经常谈论的幸福观，对此我的看法并不积极，而且充满不屑。我认为很多关于幸福的研究都是肤浅的，其中有很多未经证实的结论和糟糕的哲学思辨，它不是一门科学，而是伪科学。

与很多人一样，我之所以形成这种消极态度，部分原因要归于我受到了TED演讲和励志书籍的影响。这是一种扭曲效应。如果你想登上舞台，不被观众轰走，如果你想赚取金钱和赢得名声，那你最好

能为人生问题提供答案，无论这些答案是否有科学依据。我不想夸大其词，但我得说，每个领域都既有最诚实的广受欢迎的专家，也有强行兜售私货的骗子，而在幸福研究领域，骗子尤其多。

几年前，我受邀作为演讲嘉宾参加了在佛罗里达举办的一场全是富豪出席的小型会议。那天晚宴结束后，会议刚开始，主持人就请出了一位让人感到意外的演讲嘉宾。他跟在座的人不一样，既不是学者，也不是商人，但他很有名气，当我们听到他的名字时，现场爆发出热烈的掌声。我不想透露他的名字，我只想说，他是当今最有名的励志演讲家之一。我知道他很有声望，于是很想听听他要说些什么。

正如主持人对他的褒奖，他的演讲真是让人大开眼界，只不过不是现场听众所想象的那样。他满脸是汗，向我们介绍了从心理学实验中得出的一些可以改变人生的研究成果，其中大多数结论是错误的，早就不足为信。他从 HBO 电视网 ① 的特别栏目中选取了一些喜剧片段，把它们归为自己的原创作品。他的演讲内容充满矛盾，一会儿告诫我们要充满无限的爱，一会儿又让我们与他一起仿照戏剧家戴维·马梅特（David Mamet）的样子进行互动，具体的做法是让我们向坐在身旁的人喊道："我拥有你！"我试图让自己认真参与其中，但我旁边是一位历史学家，当我朝她喊出这句话时，她忍不住笑个不停。

关于幸福和良好生活，我们所听到的大多数观点都不足信。不过，我现在认为我早期的看法过于苛刻，从根本上讲也是错误的。我

---

① 美国的一个付费有线和卫星联播网，全天播出电影、音乐、纪录片、电视剧及其他节目。——编者注

不再认为我花一个长周末的时间就能完全吸收这个领域里的所有知识。研究幸福科学的人主要有两类，一类自称"积极心理学家"，另一类是决不肯让自己与"积极心理学家"产生半点关系的学者。这一领域有很多经过精心设计的实证研究和深刻的理论成果。对我产生影响的学者包括（只是部分名单）：希斯赞特米哈伊、戴维·德斯迪诺（David DeSteno）、爱德华·迪纳、丹尼尔·吉尔伯特（Daniel Gilbert）、乔纳森·海特（Jonathan Haidt）[①]、丹尼尔·卡尼曼（Daniel Kahneman）[②]、索尼娅·柳博米尔斯基（Sonja Lyubomirsky），以及积极心理学的创始人马丁·塞利格曼（Martin Seligman）[③]。本书还受到埃米利·伊斯法哈尼·史密斯和布罗克·巴斯蒂安（Brock Bastian）的杰作[26]的影响，两者探讨了类似的主题，前者的重心在于人生意义，后者的重心在于疼痛和痛苦。[④]

---

① 海特的代表作之一《象与骑象人》已成为心理学领域的经典作品。而他在《正义之心》中又为读者呈现了一场道德心理学革命，发人深思。这两本书的中文简体字版已由湛庐策划、浙江人民出版社出版。——编者注

② 卡尼曼是诺贝尔经济学奖得主、"行为经济学之父"。他酝酿 10 年的全新力作《噪声》讲述了行为科学领域的又一重大发现——哪里有判断，哪里就有"噪声"，直击人类决策中的"黑洞"，并给出了减少决策噪声的关键指导原则，该书中文简体字版已由湛庐策划、浙江教育出版社出版。——编者注

③ 塞利格曼被誉为"积极心理学之父"，他在其首部自传《塞利格曼自传》中，呈现了自己传奇的一生，为读者奉献了一部积极心理学史。该书中文简体字版已由湛庐策划、浙江教育出版社出版。——编者注

④ 我得补充一句，这是一个快速发展的学术领域，在本书出版之时，任何以往的著作或多或少都有过时之处。如果想要跟进最新的研究成果，我强烈推荐收听由我的朋友和同事劳里·桑托斯（Laurie Santos）主持的播客节目《幸福实验室》（The Happiness Lab）。

　　然而，本书不只是对他人观点和研究成果的概述。我将要探讨的问题尚未得到充分研究，涉及我们何以从痛苦中获得快乐，以及痛苦对我们人生的重要意义。因此，本书会探讨不寻常的研究方向。书中有些观点和我给出的论证均基于坚实的科学研究，有些则是猜测性的，至于具体属于哪种情况，我会一一讲清楚。

　　此外，正如美国小说家沃克·珀西（Walker Percy）所说："虚构故事不会告诉我们那些我们所不知道的事情，它会告诉我们一些我们知道却又不知道自己知道的事情。"有时，这句话也适用于心理学。我将告诉你一些你不知道自己知道的事情。

目 录

THE SWEET SPOT

第 1 章

痛苦的意义

- 你不会希望成为一个游戏的输家，但如果知道自己每次都会赢，你就体会不到任何乐趣。

- 痛苦是我们为了获得更强烈的快乐所付出的代价。

- 我们应该理解快乐和幸福的价值，即便不是享乐主义者，至少也应该成为享乐主义反对者的反对者。

THE SWEET SPOT ————————————————————

　　我的小儿子扎卡里喜欢自讨苦吃。他总爱跟小伙伴们比赛扇耳光，或者让你跟他比赛吃芥末。到了高中，他参加了攀爬"珠穆朗玛峰"高级训练项目。当然，他并非去爬真正的珠穆朗玛峰，而是要完成 8 848.86 米的累计攀登高度，毕竟他还得上学。每天下午晚些时候，扎卡里就会去攀岩馆，上上下下攀爬好几个小时。事实上，他每周要训练四五天，每天爬 300 多米，为期 30 天。每次训练结束后，扎卡里都会记录他现在爬到珠峰哪个位置了，记录如果他真的离开珠峰大本营，往山上爬，然后又返回，一路上他会看到怎样的景致。整个训练过程并不令人感到舒适，甚至让人筋疲力尽，扎卡里对此也有过强烈的抱怨，但他还是乐在其中。

　　我敢打赌，你也做过类似的事情。也许你喜欢放弃家里的软床和热水澡，去野外露营；也许你喜欢骑自行车，出类拔萃的选手们会热情赞美这项运动带来的那种"甜蜜的痛苦"[1]，就像一位自行车手所描述的那样："当你看到你的剩余骑行时间又缩短了，尽管此时你已上气不接下气、精疲力竭，你还是会露出欣慰的笑容……当骑着自行车，抬头看见长长的陡坡顶部已在不远处时，你就会忽略双腿的酸软，并祈祷身体中的内啡肽之神能助你熬过最痛苦的一道难关。"

　　我不是一名运动员，但很久以前我跑了一次马拉松。当决定挑战马拉松时，我已胖得不成样子了。为此，我花了一年多的时间来准备，有时训练是在新英格兰地区的寒冬里完成的。我仍记得在漆黑的清晨跑步有多痛苦，脸被冷风吹得失去知觉、足部的水疱随时传来刺痛、肌肉又酸又疼，但这些记忆又那样弥足珍贵。

　　此外，一些更消极的受虐式快感也令人着迷。为什么我们会喜欢兴奋和敬畏的感觉，为什么我们会对别人的胜利感到高兴，为什么我们会享受性欲的满足，这些问题的答案已不再神秘。可是，为什么我们还喜欢体验恐怖呢？几年前，我看到我的大儿子一边做作业一边观看一部法国食人族艺术电影。我只瞄了一眼，就足足恶心了一下午。

　　或许你喜欢这类事物，可能你已经放下本书，开始上网浏览类似的图像和影片；又或许你跟我一样，对这些东西不感兴趣。然而，事实上每个人都会喜欢某些负面体验。我自己喜欢诸如《黑道家族》《绝命毒师》《权力的游戏》这类电视剧，尽管剧中充满暴力和谋杀等情节，也充满对各种各样的痛苦和伤害的描绘，但它们还是能吸引我的眼球。而且我敢打赌，只要你有兴趣，即便剧中没有暴力，只是让人感到压抑的电视剧也会让你沉迷其中。

　　喜欢沉迷于哪种特定的痛苦以及对这种痛苦的喜好程度因人而异。我喜欢吃辛辣的咖喱，喜欢坐过山车。热水澡呢？喜欢，但不喜欢水太烫。长跑呢？也喜欢。尽管每个人的偏好各不相同，但没人能抗拒痛苦的诱惑。

快乐与意义：自愿受苦的两种目的

在进一步探讨之前，我想做一番语义上的区分。我会像其他人那样使用"愉悦"（pleasure）和"疼痛"（pain）这两个词，简单来说，它们分别指代让你叫出"哇！"和"哎哟！"的感受。我还会谈论与身体疼痛无关的消极体验，比如，在一个进展艰难的项目上长时间工作；沉浸在悲伤的记忆中；你饿了，却仍然选择禁食的时刻。有时候，我把这类体验称为"痛苦"（suffering）。它符合词典里的标准定义：经受疼痛、压抑、苦难的状态。但这一定义并不意味着必须经受巨大的疼痛、压抑和苦难。

我已经意识到，有些人会对我的用词表示反感，甚至觉得受到冒犯。我曾将某些并不严重的行为（实验室中轻微的电击）描述为痛苦，一位年龄比我大的女士愤怒地告诉我，她的父母在第二次世界大战期间的那种恐怖经历才算得上痛苦。在她看来，我宽泛地使用"痛苦"一词，削弱了她父母曾经遭受的痛苦的程度。我能理解她的心情。当我听到有人把在机场排长队等待安检称为"折磨"时，我也有与那位女士相同的感受。作为戏剧性的夸张，"折磨"这个词使用得没有问题，但严格来说，如此使用"折磨"是具有冒犯性的，因为它的真正含义被削弱了。

在这个问题上，我希望我们能有更丰富的词汇，便于人们对不同程度的痛苦做出区分。但事实上我们没有更好的选择，因此我仍将使用"痛苦"一词来描述全谱系的消极体验。正如你的舌头碰到你发炎的牙齿的那种疼痛属于疼痛一样，各种各样温和的痛苦也是痛苦。但如果你不喜欢我谈论痛苦的方式，只需在脑海里将我用的这个词转化为更怪异但或许更准确的表达——出于生理或心理原因，那些通常令人感到厌恶的体验，如此一来，我们对痛苦的理解就能达成一致了。

本书将探讨两种不同类型的自愿受苦。第一种与享受辛辣食物、过烫的热水澡、恐怖电影、剧烈运动等有关。我们会看到，这类体验能带来快乐。它们可以增强未来体验的快感，让人远离自我意识，满足好奇心，提高社会地位。第二种与登山和生养孩子等体验有关，这类行为需要付诸努力，通常也并不那么愉快，但它们也是构成良好生活的一部分。

这两种自愿受苦在很多方面都存在差异。烫得人发痛的热水澡、辛辣咖喱带来的不适感是主动追求的结果，我们期待它们发生，如果没有这种期待，它们就不会发生。另一类痛苦则有所不同。在为参加马拉松比赛做准备时，没人希望自己受伤，也不想因为退赛而感到失望。然而，搞砸的可能性仍然存在。**你不会希望成为一个游戏的输家，但如果知道自己每次都会赢，你就体会不到任何乐趣**。事实上，从更宽泛的层面上讲，人生又何尝不是如此呢？

做白日梦就没有遭受失败的可能，然而这正是白日梦的缺陷所在。行为经济学家和精神病学家乔治·安斯利（George Ainslie）曾抱怨说，白日梦的问题在于"缺乏稀缺性"（shortage of scarcity）[2]。我们可以选择让自己陷入困境，也可以选择让自己摆脱困境，这种自由使我们少了很多由孤独的幻想所带来的快乐。

假若你想知道为什么无所不能会让人觉得无聊，这就是原因所在。如果没有氪星石，谁会在意"超人"的冒险之旅呢？①事实上，如果真有无所不能的人，那他一定会很痛苦。电视剧《迷离时空》（*The Twilight Zone*）³就阐明了这一点。一个匪徒死了，令他惊讶的是，他在一个貌似天堂的地方醒来。他得到了他想要的一切：性、金钱、权力。但无聊开始滋生，沮丧接踵而至，最终匪徒告诉自称是他的向导并一直为他服务的人，自己不适合待在天堂。他说："我想去地狱。"向导告诉他，这里可不是天堂，他已身在地狱。

"疼痛即快乐""我们能从痛苦中获得快乐"，诸如此类的说法有一定道理。蒸桑拿之类的例子清晰地表明，我们能够理解特定类型的疼痛和压抑所带来的诱惑。哲理歌曲作家约翰·库加·梅伦坎普（John Cougar Mellencamp）反复吟唱"伤痛如此美妙"，听众则纷纷点头称赞。但如果你稍微一想，就会发现这句歌词有点奇怪，甚至自相矛盾。

毕竟，疼痛这一概念似乎蕴含着贬义。在一篇经典论文中，美国哲学家大卫·刘易斯（David Lewis）虚构了一个对疼痛的感受不同于常人的疯子⁴。当遭遇疼痛时，我们可能会大喊大叫或者人哭人闹，希望疼痛马上消失。然而，那个疯子一旦遭遇疼痛，他的行为就会变得奇怪：他会思考数学问题，会交叉双腿并打响指。刘易斯设想的这个疯子没有动机去回避疼痛或者设法消除疼痛。

刘易斯的分析很精妙，但在我看来，或者你也会这么认为，那个

---

① 氪星石是漫画《超人》（*Superman*）中的假想矿石，会伤害超人，它是超人少有的克星之一。——译者注

疯子的遭遇根本就算不上疼痛。他可能会把它称为"疼痛"，但这种混淆只是反映出他的精神有问题。假若某个遭遇与消极体验无关，那就不能称其为疼痛，所以他把自己的遭遇称为"疼痛"是错误的。

这正是快乐来自痛苦的说法让人如此困惑的原因所在。思考一下你在搜索引擎输入"快乐"和"疼痛"时，出现的两个定义。

快乐：心意满足和享受的感觉。

疼痛：由疾病或伤害造成的极度不愉快的感觉。

这两个概念的含义是相反的。如果你查阅国际疼痛研究协会（IASP）提出的更为专业的定义[5]就会发现，从解剖学意义上讲，疼痛是"一种与实际或潜在的组织损伤相关，或者可以用组织损伤描述的不愉快的感觉和情感体验"。在这里，"不愉快"这个词又出现了。同一种体验怎么可能既是愉快的又是不愉快的？

根据某种看待事物的方式，这种逻辑是不可能成立的。假设每一刻的体验对应 0 ～ 10 的某个数值，低数值代表你需要回避的糟糕状态，高数值代表你应该追求的积极状态。你不可能在某一时刻既处于低数值状态又处于高数值状态。这就好比说，你正在洗一个既热又冷的澡。洗澡水可以是热的、冷的，或者温的；它可以在晚上 8 点整是热的，在 8 点 15 分是冷的；甚至可以右边水龙头出来的是热水，左边水龙头出来的是冷水，但同样的水不可能既是热的又是冷的。这不可能！

为了以不同的方式看待这个谜题，让我们想想这些心理状态的作用。杰里米·边沁（Jeremy Bentham）说过："自然将人类置于痛苦和快乐这两种至高无上的力量的辖制之下。"[6] 他把两者视为天然相悖的力量，将我们推向相反的方向：趋近和回避，奖励和惩罚。但你怎么可能同时做到既趋近又回避呢？

我们稍后将谈到弗洛伊德，但在这里我只想说，无论人们对他的观点持何种态度，他的确理解了这一谜题的怪异之处。他提到，既然一个人的首要目标"是避免痛苦，获得快乐"，那么寻求痛苦就是一种令人"难以理解"的行为。在这种情况下，"这就像是我们精神生活的看护者因为某种原因而失去了行动力"[7]。

痛苦本身未必是消极的

也许解答这一谜题的方式是，承认痛苦绝不令人快乐。当然，我们会寻求痛苦，但也许我们这么做的原因在于，它为我们提供了其他好处。这种利弊权衡是生活的一部分。比如，在某个大冷天，你在外面奔跑，浑身颤抖，觉得不舒服，只是为了找回掉在人行道上的一个重要包裹；比如，你不得不接受一台让你感到痛苦的手术，以便治好你患了很长时间的疾病；比如，你坐在某机关办公室里，感到无聊和不快，但为了更新你的驾照，你不得不忍受漫长的等待；甚至，为了不暴露战友的身份，你经受住了酷刑的折磨。我们有很多理由选择承受疼痛和痛苦，与此同时并不否认痛苦之恶。下一章，在论及受虐时，我会举很多例子，来表明我们在选择承受痛苦之后不久就能获得快乐。这样的例子同样没有否认痛苦之恶。

但事实上，痛苦本身并不一定是消极的。就当前而言，我们可以通过考察某些医疗案例，获得关于痛苦体验之复杂性的一些线索。

你可能听说过先天性无痛症（congenital analgesia）。患有这种病的人能够感觉到自己被刀子割了或者被东西撞了，但他们体验不到疼痛，所以没有内在动机去回避疼痛。患这种病的人大都活不过 20 岁，这表明了疼痛感之于生存的重要性，它不仅能阻止人们受伤，还能让伤口得到医治。

一种更让人困惑的病症叫示痛不能（pain asymbolia）。患有这种病的人能感觉到疼痛，也能把自己的体验描绘成痛苦，但他们不觉得疼痛令其不悦。他们会将自己的身体交由医生和科学家做侵入式检查，而这种检查对你我而言是极为痛苦的。倒不是说他们对疼痛感到麻木，正如一位患者所说："我确实有疼痛感，它让我稍微有些不舒服，但它不会困扰我，我觉得这没什么大不了的。"[8] 这种失调与大脑的部分区域受损有关，比如，后岛叶和额顶叶岛盖，这些区域大都与威胁响应有关。这类症状可以让我们明白，对疼痛的体验并不必然是一件坏事。

先天性无痛症和示痛不能的区别对应于人们有时对两种镇痛剂[9]所作的区分。一种很常见，能够缓解或者消除疼痛，而另一种（吗啡有时也被归为这一类镇痛剂）尽管也有强大的缓解疼痛的作用，但会让你有一种患上示痛不能的感觉。在后一种镇痛剂的作用下，你会感到疼痛，但这种痛带给你的困扰较小。

　　尼古拉·格拉哈克（Nikola Grahek）注意到，我们能从日常生活中发现示痛不能的"例证"[10]。他让读者想象如下场景：由于左上胸出现持续钝痛，并辐射到了左胳膊，所以你不得不去看医生。你担心是心脏病发作了，但医生向你保证是肌肉发炎，会很快康复。你的恐惧感一下就没了，"尽管疼痛仍然没有消失，仍然让你觉得不舒服，但你不再对疼痛感到忧虑了"。

　　有时，人们对疼痛的反应的转变来自态度的转变。作家安德烈娅·朗·朱（Andrea Long Chu）谈到，在做变性手术之前，她做了长期而痛苦的准备。她一开始把这种痛苦描绘为人们通常能感受到的那种："所有的身体疼痛都始于人们对胆敢侵犯身体器官的震惊。"不过，她随后指出，几个月之后，"我与疼痛达成了一种审慎的和解，我们承认彼此的存在，默认互不干涉，就像我们与前任在假日派对上互相点头致意一样"[11]。

　　冥想练习有诸多好处，据说其中之一就是可以改变对疼痛的态度。罗伯特·赖特（Robert Wright）谈到他在冥想静修期间做过的一个实验：

　　　　无论喝什么东西，我都会觉得牙疼，事实上，我需要做根管治疗了。哪怕我喝的是温水，疼痛也很剧烈，很折磨人。于是，我想看看如果我做了以下事情，会发生些什么：我在房间里坐下来，冥想 30 分钟，然后喝了一大口水并含在嘴里。
　　　　结果出人意料。牙齿的阵痛如此剧烈，以至于我完全专注在疼痛这一感受上。不过，阵痛并没有持续困扰我，它处于痛苦和快乐的交叉地带，在两者之间摇摆。有时，这种感觉甚至能以其力量，或者你可能会说以其高贵和美妙，激发一种老式的令人惊叹的敬畏感。如果要描述这种敬畏感和我对牙疼的日常感受之间的差异，最简单的方式就是，我比平常更少叫"哎哟"，而是更多喊出"哇"。[12]

这类案例表明，疼痛不一定是坏事。科学研究和日常体验都支持一种更有力的论点：疼痛可以是有益的。我们之前提到的那种在 0～10 这一区间打分的做法是错误的，也许其他生物会接受这种将疼痛和愉悦分别放在单一谱系两端的评价方式，但对人类而言，有些事物可以既处于 0 也处于 10 的位置。疼痛和愉悦、消极体验和积极体验不是对立的，把它们像低温和高温一样加以区别是一种错误的做法。

这怎么可能呢？答案的关键在于，人类对体验有着独特的理解和反应能力。我们天生就能感受到世间诸事带来的快乐、悲伤、愤怒、羞耻和乐趣，但我们也能天生感受到由我们对世间诸事的反应带来的快乐、悲伤、愤怒、羞耻和乐趣。有时候，我们对世间诸事的反应的反应也能带来快乐、悲伤、愤怒、羞耻和乐趣，不过简便起见，我们不会探讨这种情况。

以恐惧为例。你因为遇到了一只老虎而感到恐惧。与其他动物一样，这种恐惧是一种适应性反应。当我们的身体准备战斗或逃跑时，肾上腺素就会释放，心跳会加快，血液会流到肌肉群，消化系统会放慢运行速率，甚至完全"停工"。说唱歌手埃米纳姆（Eminem）很好地概述了人们在面对高风险、高回报的社会竞争时的生理反应："他的手心开始出汗，膝盖发软，胳膊变沉，毛衣上挂着呕吐物。"面对恐惧，我们的警觉性和专注力都会提高。我们会浑身起鸡皮疙瘩，这种生理反应无疑是对祖先的背叛，因为他们毛发浓密，不会起鸡皮疙瘩。总而言之，恐惧不是没有意义的。

这类体验通常是消极的。遇到老虎真是再糟糕不过的体验，然而，这种体验的糟糕之处不在于恐惧本身，因为更糟糕的是，你有可能被老虎弄伤或者咬死。假若你知道你没有面临真正的危险，比如，你只是身处虚拟世界，你仍会感受到恐惧，并且你的生理反应跟在真实世界遇到老虎的反应几乎相同，只是这种恐惧不一定是糟糕的恐惧，反而可能是有趣的恐惧。

毕竟，人们乐意为这种恐惧买单。密室逃脱游戏和恐怖电影都很受人欢迎。我们知道，在这种情况下，恐惧对人们是有吸引力的。在我稍后将会描述的研究中，研究人员发现，恐怖电影爱好者在观看《驱魔人》（The Exorcist）时与恐怖电影厌恶者所感受到的恐惧程度是差不多的[13]。与某些理论相反，我们认为，那些恐怖电影爱好者并不是没有情绪感知能力的人。相反，他们喜欢体验恐惧。事实上，他们体验到的恐惧感越强烈，获得的愉悦感也越强烈。

再举一个例子。人们感到不公时会感到愤怒，因此，愤怒通常是消极体验。不过，你可以享受愤怒的感觉，比如，想象复仇后的快感，或者享受为正义振臂高呼的兴奋感。此外，愤怒本身也有其功用。在一项精妙的研究中，马娅·塔米尔（Maya Tamir）和布蕾特·福特（Brett Ford）[14]发现，当人们与对手谈判而非合作时，他们有可能让自己变得更愤怒，因为他们认为这种愤怒会让自己在谈判中受益。**事实上，这么做是对的，愤怒的谈判者会从谈判中获得更多利益。**

再以悲伤为例，它通常是对消极事件的反应。不过，只要事情没那么糟糕，生闷气和沉浸在痛苦中是有可能让人们体会到愉悦感的。当然，没人会从自己所爱的人去世的悲伤中体会到这种愉悦感。在另一项研究中，研究人员让被试观看伤感电影[15]。我们一般会认为，他们越是感到悲伤，就越不想看下去。但事实并非如此，他们体验到的悲伤程度并不影响他们的观看兴趣。换句话说，至少存在一种可能性：他们体验到了令人愉悦的悲伤。

此外，那些能激发伤感情绪的歌曲和乐曲，比如，歌手拉娜·德雷（Lana Del Rey）和阿黛尔·阿德金斯（Adele Adkins）的歌曲、塞缪尔·巴伯的《弦乐柔板》（*Adagio for Strings*）以及莫扎特和威尔第的安魂曲等经典乐曲，也能让人获益。研究发现，当聆听这些经典乐曲时[16]，人们会欣赏乐曲传递出来的悲伤，感受到柔情和怀旧情绪，并从中体验到愉悦感。

为什么悲伤的歌曲能有这样的吸引力？也许是因为我们只是在安全的环境下享受悲伤，不需要在真实世界应对让人悲伤的事件。也许悲伤的歌曲给人们提供了更多独特的奖赏。埃米莉·科尼特（Emily Cornett）想知道为什么刚结束了一段恋情的人[17]喜欢听伤心情歌。她认为，这类歌曲向失恋的人表明，他们并不孤单，很多人都有类似的遭遇。科尼特还注意到，与所有消极体验一样，自主选择至关重要。刚刚经历分手的人突然间听到阿黛尔的歌曲《爱人如你》（*Someone Like You*），就不大可能会是一种美好的体验。我们更希望能自主选择何时落泪。

事实上，任何情绪都能以这种方式得到转化。在电影《大空头》（*The Big Short*）中，演员史蒂夫·卡瑞尔（Steve Carell）饰演的真实人物马克·鲍姆（Mark Baum）是一个脾气暴躁的人。当他说妻子告诉他，他的工作似乎让他不开心时，他的一个同事回应说："可是，当你因为工作表现得不开心时，实际上你很开心啊。"鲍姆认可同事的说法。

我们已经探讨了消极体验何以成为快乐之源，那反过来又如何呢？你能重新看待积极体验，并让它们成为消极体验吗？显然，答案是肯定的。有些患有抑郁症的人[18]变得不愿意体验积极情绪，也许他们认为自己不配获得快乐，或者认为当前的快乐体验只会为随后的痛苦体验埋下伏笔。因此，与快乐的痛苦异曲同工，你可能也会体验到痛苦的快乐。

这类现象还存在文化差异[19]。研究发现，相比西方人，东方人对幸福感持更怀疑的态度。这可能是因为亚洲文化对幸福和悲伤的诠释更"辩证"，《道德经》中的这句话就很好地说明了这一点：

祸兮福之所倚，福兮祸之所伏。孰知其极？[20]

你不需要研习道家思想就能理解情绪的复杂性[21]。

科学实验室 ——————————————————— THE SWEET SPOT

一项研究招募了米自中国、加拿大、美国和韩国的被试，让他们判断被心理学家视为最普遍和最基本的6种情绪：悲伤、恐惧、厌恶、愤怒、快乐和惊讶。针对每一种情绪，被试要回答，在他看来该情绪的积极和消极程度如何。正如你所料，人们大都认为悲伤、恐惧、厌恶和愤怒是消极情绪，快乐和惊讶是积极情绪。尽管存在文化差异，但其实人们对所有情绪的评价都不是单一的，比如，认为悲伤情绪有一定的积极因素，甚至快乐情绪也有少许的消极性。

让我们再次考察真实世界中的生理痛苦。我们之前讨论过疑似心脏病发作的案例，现在请想象你离马拉松赛程的终点不远，你的身体感到不适。你的心脏跳得很厉害，满身大汗，累得上气不接下气。如果你正乘坐公共汽车，或者正试图入睡，突然出现前述症状，你可能认为你要死了。但在跑马拉松的情况下，出现这些反应是很正常的，说明你正在努力奔跑，这些似乎让人厌恶的体验是巨大成就感的组成部分，是值得品味的东西。

再以面部被揍为例。被一拳击中面部似乎是尤为糟糕的体验，但其实并非如此，至少不完全如此。乔希·罗森布拉特（Josh Rosenblatt）曾讲述过自己作为一名综合格斗选手的心路历程，他说当你第一次被人击中面部时[22]，你绝对充满恐惧。然后你就来到了第二阶段，你会感到愤怒和羞耻。在这之后：

> 你开始爱上面部挨揍，然后你开始主动寻求挨揍。现在，你给自己招来了危险，如果不挨揍，你将会感到生活空虚……挨揍会让血液更快地在你的血管流动，会让你流下眼泪，会让你心跳加速。挨揍会让你眼中的整个世界闪耀。挨

揍让你专注于被神秘主义者称为永恒的当下，也在提醒你人
终有一死。

尽管就我个人的搏斗经历而言，我从未迈过愤怒和羞耻这一关，
但我仍然相信罗森布拉特的描述在特定情境下是真实的。如果罗森布
拉特正在电影院门口排队入场，一个人朝他的脸打了一拳，我敢打
赌，他不会觉得这一拳挨得很爽，是对他活着的确认。如果他眼中的
世界此刻真的在闪耀，肯定也不会让人觉得美好。不过，在适当的情
景下，罗森布拉特的看法是对的：恐惧可以得到转化，让人产生超越
性体验。

人生满意度与幸福感并不呈正相关

我们已经阐明，疼痛和痛苦并不全是坏事，也没那么神秘。在接
下来几章中，我们将继续探讨痛苦的重要性。如果你相信人类总想追
求幸福，那么你现在应该不会把自愿受苦视为幸福的明显反例了。

然而，幸福真是我们要追求的东西吗？很多人都认为是的。弗洛
伊德写到，每当谈到人们的原始动机，"答案几乎没有悬念。人们努
力追求幸福，想要变得开心，并持续处于这种状态。这一举动具有积
极和消极两面性。一方面它意在减少痛苦和不愉快，另一方面意在体
验强烈的愉悦感"。布莱斯·帕斯卡尔（Blaise Pascal）说得更直白："所
有人都追求幸福，没有例外。"为了表明自己没开玩笑，他随后补充

道，"这是每个人做每件事情的动机，甚至也是那些上吊自杀的人的动机。"

这些话引自吉尔伯特的杰作《哈佛幸福课》，也概述了吉尔伯特自己的观点[23]。他认为，所有人都想追求幸福，而这是完全正当和理性的追求。吉尔伯特意识到，有些哲学家不认同这种观点，但他认为他们只是对幸福的理解过于狭隘了。正如吉尔伯特所说，很多哲学家认为，追求幸福的欲望类似于日常排便的欲望。他写道："（他们认为）这是一种我们天生就有的欲望，不值一提。"换一种不那么形象的说法，这些哲学家把幸福视为连牛都会追求的满足感，就使得追求幸福变成一种低级本能。

不过，吉尔伯特争辩说："你应该拒绝接受这种简单的类比，而将幸福视为由各类体验激起的某种感受，这种感受既可以很低级，也可以很高级。"

厄休拉·勒古恩（Ursula Le Guin）在其短篇小说《离开奥米勒斯城的人》（*The Ones Who Walk Away from Omelas*）中也提出了类似的观点。奥米勒斯城的居民过着幸福的生活，只不过他们的幸福生活建立在某个人所付出的可怕代价的基础上。如果你没读过这个故事，我建议你读一读。勒古恩在告诉我们奥米勒斯城的人们有多么幸福之后，也提醒我们不要直接得出结论，认为他们迟钝、冷漠、愚笨，她补充道："麻烦在于，我们受到学究和世故之人的影响，养成了一个坏习惯[24]，喜欢把幸福视为极为愚蠢的东西，而认为只有痛苦才蕴含智慧，只有邪恶才体现趣味。"

　　我认为，这些观点都有一定道理，但也表明了"人们想要追求幸福"这一观点存在怎样的问题。问题不在于这一观点是错误的，而在于它的含义过于模糊，对人毫无助益。

　　我绝不是第一个提出这种看法的人。在积极心理学领域，有很多研究人员避免单独使用"幸福"（happiness）一词，代之以更复杂的术语，比如，"主观幸福感"（subjective well-being）。这样做的一个原因在于，研究人员想在国家之间做比较，而他们没法对"幸福"（happiness）[25] 和"快乐"（happy）做出准确的翻译[26]。讲英语的人可以说，"坐在这里读书很快乐"，而在同一语境下，讲法语和德语的人则无法用对应的单词"heureux"（法语中"幸福"一词）和"glücklick"（德语中"幸福"一词）表达相同的意思。换句话说，与幸福和快乐有关的英文单词比其他语言中相对应的单词含义更宽泛。如果你讲的是英语，那你就更容易提到"快乐"。当然，这并不意味着你真的更容易感到快乐。

　　更进一步的问题在于，有些人会将幸福与道德区分开来，而有些人则不会。当弗洛伊德谈到"强烈的愉悦感"时，他没有提及改善人们的生活，或者让世界变得更美好。但有些人认为幸福蕴含了道德责任。哲学家菲莉帕·富特（Philippa Foot）以一位纳粹司令官为例[27]，指出这位司令官体验到了愉悦的心理状态。但富特认为，他并非真正快乐，因为他没有过上良善的生活。在富特看来，幸福的前提是良善。

　　也许你会觉得富特的观点很奇怪，事实上我也觉得奇怪。然而，一些心理学实验表明，我们认为一个人的生活良善与否的确对我们认为那个人是否幸福有一定的影响。有些实验哲学家[28]，包括我以前的学生乔纳森·菲利普斯（Jonathan Phillips）和我的同事乔舒亚·诺布（Joshua Knobe）做过一系列实验，他们让被试回答，有着同样的积极心理状态的两个人，哪一个更幸福。他们发现，被试更有可能认为，相比过着自私而享乐生活的人，道德良善的人更幸福。**因此，富特的看法是正确的：至少就"幸福"这个词的准确含义而言，它与道德有关。**

我们都想追求幸福，这一观点面临更普遍的问题：幸福可以被用于指涉至少两种不同的东西。诸如"你有多快乐"之类的问题可以指涉你当下的体验（"我非常快乐，因为我正在吃巧克力豆"），也可以指涉你对自己整个生活的评价（"我觉得不那么快乐，因为过去一年虚度了"）。当你说人们都想追求幸福时，就像我们在前文所引述的弗洛伊德的话，你也许是在说，人们想让快乐最大化，痛苦最小化。又或许，你跟吉尔伯特和勒古恩一样，把幸福视为更抽象的概念。

卡尼曼及其同事[29]做过一些著名的实验和调查，试图把幸福划分为不同类型。我们先来了解一下他们所谓的"体验式幸福"（experienced happiness）。体验式幸福关注的是你当下的心理体验，即你当下有怎样的感受。如果这种体验至关重要，我们就可以通过对每一个心理体验时刻进行加总来衡量人生的价值。让我们用数字说话，研究人员对记忆和意识所做的研究表明，当下的心理体验能持续大约3秒[30]，这是一个合理的预估值。若一个人活到70岁，要经历大约5亿个3秒，将5亿个体验时刻进行加总，就能得到关于人生价值的数值。需要强调的是，我们的计算只考虑了清醒时间，没考虑睡眠时间。

在这里，我们遇到了实践上的难题。假设你只想测量你一年中体验式幸福的总值——一年大约有 700 万个体验时刻，如果 700 万个体验时刻都在回答"你过得如何"这一问题，人生也就变得非常无聊[31]。因此，你可以利用这些时刻中的随机样本来做推测。可以利用智能手机的应用程序随机取样，一旦手机随机选择了某个时刻，被试就要回答他过得如何。或者，就像卡尼曼及其同事所做的，你可以每天早上询问被试前一天的感受，比如，"昨天大多数时候你是否体验到了这样的情绪？比如：_____"。被试需要在空白处填写"压力""幸福""享受""担忧""悲伤"等词。这种方法会受到偏见和记忆的"污染"，但它大致体现了短时幸福的含义。通过加总每一天的测量数值，你还可以计算其一年或者整个人生的价值。

这就是体验式幸福。现在来了解另一种不同的评价方式，我们称之为"满意度"（satisfaction）。这是一种更具反思性的评估，需要你对整个人生而非短时体验做出评价。我们可以使用坎特里尔自我定位奋斗量尺（Cantril Self-Anchoring Scale）来完成评估：你需要在 0～10 分做选择，"0"代表"对你而言最糟糕的人生"，"10"代表"对你而言最棒的人生"。

科学实验室 ———————————————————— THE SWEET SPOT

体验式幸福与满意度之间存在怎样的关系呢？两位诺贝尔经济学奖得主卡尼曼和安格斯·迪顿（Angus Deaton）针对 1 000 个美国居民做过一项调查[32]，得到了超过 45 万个相关答案。该调查既评估人们每天的体验，也评估他们的人生总体满意度。现在，我们可能会认为，两项评估最终会得出相同的结果，即一个人对其人生满意度的评估值与其体验式幸福的平均值差不多。然而，情况并非如此。

先来看看金钱效应。当涉及体验式幸福时，更多的金钱会让你更幸福。这一点讲得通。金钱可以让你买到积极体验，能让你的生活在总体上变得更好。更重要的是，贫穷会让一切变得更糟。正如该调查报告所说的："低收入加剧了与离婚、疾病、孤独等不幸有关的情感痛苦。"

不过，这一效应存在着边际效应递减现象。如果你一年挣3万美元，多挣5 000美元是很大一笔数字，但如果你一年挣30万美元，多挣5 000美元就不算什么了。这一点也讲得通，并且适用于人们对很多美好事物的体验。一个人若没有朋友会很难过，因此有一个朋友总比没有朋友好得多，有两个朋友又比有一个朋友更好……但如果你已经有20个朋友，那再多一个朋友为你增加的开心程度就会低很多。

事实上，就体验式幸福而言，如果某人年收入超过大约7.5万美元，金钱对他来说就变得不再重要了。这一研究是在2010年完成的，考虑到通胀因素，这一数值现在可能会有浮动。显然，在日常体验方面，收入尚可的人与富有的人没有太大差异，这也许是因为社会交往、有偿工作、良好的健康状况等因素影响着人们的体验式幸福，有更多的钱并不会让你的这种幸福感变得更强烈。

金钱对满意度的影响又如何呢？与体验式幸福一样，金钱与满意度有关，而且也存在边际效应递减现象。不过，此处有一个区别：一旦金钱达到某个阈值，体验式幸福就趋于稳定，但对满意度而言，似乎不存在这样一个阈值。在卡尼曼和迪顿的研究中，讨论更多的钱并不带来更多幸福这样的观点没什么意义。因为当受访者回答"你整个人生过得如何"这一问题时，答案是财富越多，人生满意度越高。

这一结论值得强调，因为似乎有一种都市传说，认为至少在过了某个阈值之后，金钱的多少就不会对生活质量产生太大影响，甚至更多的钱会让你的人生产生痛苦。情况并非如此。

科学实验室 ——————————————————— THE SWEET SPOT

以 2019 年的一项调查[33]为例。受访者被分为四组：低收入组（年收入少于 3.5 万美元），中等收入组（年收入为 3.5 万～ 9.999 万美元），高收入组（年收入为 10 万～ 49.999 万美元），前 1% 收入组（年收入超过 50 万美元）。在之前的大多数研究中，高收入组人数不够，而这次研究招募到了 250 位。以下是对生活感到"非常"或"完全"满意的每组人的比例：

低收入组：	44%
中等收入组：	66%
高收入组：	82%
前 1% 收入组：	90%

这还不算完。另一项研究调查了超级富豪，结果发现，拥有超过 1 000 万美元资产的富人[34]比那些只有 100 万～ 200 万美元资产的人生活满意度略高。

总体而言，这些研究结果表明，当我们考察整个人生时，我们倾向于将自己与他人进行比较，而一旦开始了社会比较（social comparison），那就意味着只有天空才是欲望的尽头。与此同时，卡尼曼和迪顿发现，尽管教育程度对人生满意度的评价有更大影响（这一点符合社会比较叙事），但健康对于当下的体验式幸福至关重要。你自己是健康还是患病会直接影响你的日常幸福感，与他人的健康状况无关。

现在，如果有人说，人们只想追求幸福，你可以追问：他们想追求的幸福是哪种？是每时每刻都快乐的那种幸福生活，还是想让人生的整体满意度最大化？

有一次参加柯文主持的播客节目时，卡尼曼为人生满意度的重要性进行了辩护：

> 柯文：你的研究得出一个结论——人生满意度与人们愿意花多少时间与朋友相处有关。如果花的时间越多，人们感到越快乐，那么为什么人们不花更多时间这么做呢？
>
> 卡尼曼：总体而言，我不认为那种方式会让人们的幸福最大化[35]。这也是我不再研究（体验式）幸福问题的原因之一，我原本对如何让幸福的体验最大化很感兴趣，最后却发现人们似乎并不愿意去尝试获得更多的相关体验。他们实际上是想让自己以及自己人生的满意度最大化，但这往往导致人们朝着一种完全不同的方向（追求当下的快乐）去实现幸福最大化。

很多人认为，这才是至关重要的结论。在分析我前面提到的那些研究时，记者迪伦·马修斯（Dylan Matthews）写道："相比获得情绪上的幸福感，人生满意度是一种更好的引导人们追求自身目标的衡量标准。我不想总是过得随心所欲[36]、无忧无虑，而是想过一种总体而言让自己感到满意的生活。"

我赞同这段话要表达的主旨。本书的一大主题就是，我们不仅仅是享乐主义者，换句话说，我们不只是想让自己的即时快乐最大化。还好我们不是纯粹的享乐主义者，这对我们的人生是件好事。

不过，我不确信人生满意度就是我们要追求的一切。不要忘了，卡尼曼的研究所得出的一个重要结论是，当我们在追求一种马修斯所谓的"总体而言让自己感到满意的生活"时，我们就会把很多心思放在社会比较上。显然，我们想比其他人赚更多的钱。总想胜人一筹这种价值观似乎很难得到辩护，而且它对于过上良好生活而言也是一种糟糕的建议。除了这类幸福，还有其他我们应该去追求的东西吗？我们还有哪些选项呢？

痛苦是获得更强烈快乐所付出的代价

由于其语义的模糊性和多样性，我们暂且把"幸福"的概念放一边。同时，我们也暂且把"满足感"放一边，因为它不仅涵盖了诸如使命和意义之类的美好事物，也涵盖了不那么美好的事物，比如，在高中同学会上试图给大家留下深刻印象的虚荣心。让我们回到人们想要追求什么这一问题，并思考一种答案。不管人们会对这一答案有何看法，它至少是相当清晰的。那就是"快乐"。

　　古希腊语中表达快乐的单词是 hēdonē（享乐），这也是为什么那些认为快乐至关重要的人会被称为"享乐主义者"。这种观点的精髓在史诗《吉尔伽美什》[①]中得到了很好的体现："吉尔伽美什哟，你只管填满你的肚皮，不论白天黑夜，尽管寻欢逗趣！每天摆起盛宴，将你华丽的衣衫穿起；白天夜里你（尽管）跳舞游戏！……这才是做人的正理。"[37]此外，加拿大摇滚乐队特鲁珀（Trooper）唱道："我们来此寻欢作乐／时不我待／所以尽情享乐吧／毕竟并非天天都是艳阳天。"

　　享乐主义者不否认人生充满了自愿受苦的时刻：我们愿意凌晨 3 点从床上踉踉跄跄地爬起来，去给哭泣的婴儿喂奶，然后乘坐早上 8 点 15 分的地铁到城里上班；我们愿意经受痛苦的治疗过程，等等。正如特鲁珀所唱的，并非天天都是艳阳天。不过，对享乐主义者而言，这些令人不快的行为是为了随后获得更大回报所付出的代价。我们命中注定要靠艰辛的劳作度日。具有挑战和难度的工作是通往地位和金钱的门票；枯燥的健身和乏味的饮食是你练出腹肌和过上精力充沛的老年生活的必要之举。天下没有免费的午餐。**痛苦是我们为了获得更强烈的快乐所付出的代价。**

　　无论承认与否，很多心理学家都是享乐主义者。他们相信，获得快乐是我们的最终目标。我对道德问题做过一些研究，而心理学家们对此做了一些回应，让我得出了前述结论。我在其他地方谈到，我们天生就拥有道德[38]，它是自然选择的产物。甚至婴儿和小孩多少也会关心他人的遭遇，多少会对公平和正义产生兴趣。但这种早期的道德

---

① 这段译文引自赵乐甡翻译、译林出版社于 1999 年 6 月出版的《吉尔伽美什：巴比伦史诗与神话》。——译者注

感有局限，毕竟其源自自然选择，我们知道，自然选择会造成自私和狭隘。因此，这种道德基础需要通过恰当的人际关系和社会经验才能在成人阶段形成更成熟的道德感。

至少，这是我一直主张的观点。现在，有些学者认为我的看法是错误的，他们相信婴儿是"道德白板"，不会关心他人的痛苦，也不能辨别是非。我认为这类反驳没有说服力，但我还是很感谢他们的反馈。或许问题在于我做的实验无法得到重复验证，也或者对此有其他更好的理解方式，又或许，新的数据或者用新方式对旧数据做出的解读，能够对我的结论形成挑战。这正是科学争论展开的正确路径。

然而，在这些回应中，让我惊讶的是，有些心理学家之所以认为婴儿不可能拥有道德动机，是因为他们认为没人有这样的动机，世上根本不存在道德动机这样的东西。这种观点认为，我们或许认为自己真的关心对与错，希望扬善惩恶，追求公平正义和仁爱，但事实上，在这些行为中除了自私动机，别无其他动机。生物学家迈克尔·盖斯林（Michael Ghiselin）写道："剥开利他主义者的表皮，就能看见他们虚伪的血液。"[39]

我不想嘲讽这种看法。很多杰出的人也持这种观点。有一个故事是这么说的：英国政治哲学家托马斯·霍布斯（Thomas Hobbes）跟一个朋友漫步伦敦街头，突然停下脚步给了一个乞丐一些硬币。他的朋友质问他，你一直为人性自私论辩护，又该如何解释你刚才的行为呢。霍布斯回答说，他的行为完全是自私的，施舍乞丐会让他感到开心，如果视而不见地从乞丐身旁走过，会让他感觉很糟糕。

还有一个关于亚伯拉罕·林肯的故事[40]，被刊登在当时的报纸上：

> 林肯先生曾经在一辆老式马车上对一位同行乘客提到，所有人的善行都是由利己动机激发的。当马车通过一座用木头在泥沼里铺排成的桥时，他的同行者开始反驳他的观点。此时，他们看见岸边的一头尖背母猪正在发出可怕的吼声，因为它的猪崽陷到了泥沼里，处于即将溺亡的险境。当马车开始爬坡时，林肯先生喊道："车夫，你能停一下吗？"然后，林肯先生从车上跳下来，往回跑，将小猪崽从泥水里抱出来，放在岸边。他回到马车上后，同行者问道："林肯先生，你现在该怎么解释你刚才的举动是出于利己动机呢？""愿上帝保佑你，埃德，那正好体现了利己的特征。如果我继续赶路，不顾那头痛苦的母猪的感受，那我的内心一整天都不得安宁，老会担心那些猪崽。难道你不知道，我这么做只是为了求得内心的平静吗？"

根据这种观点，我们的道德行为，或者换种说法，我们所谓的道德行为，只不过是为了避免愧疚或焦虑带来的痛苦。

我们天生渴望正义与群体幸福

与大多数哲学家一样，我认为心理享乐主义是站不住脚的[41]。确实，我们经常只是单纯为了快乐而做出某种行为，譬如痒了就挠。不过，这不是我们唯一的行为动机。

我们可能有各种各样的具体目标。走笔至此，尽管前景并不乐观，但我还是希望多伦多蓝鸟棒球队（the Blue Jays）在本赛季取得好成绩；我希望我的小儿子在尼泊尔旅行时既开心又安全，当然，首要的是安全；我希望我的大儿子在他即将参加的工作面试中表现良好；我希望本书的写作进展顺利，能在接下来的三个月内完成初稿的前半部分；我有一位朋友刚出了一本新书，我希望它能广受好评，因为它确实是本好书。所有这些具体的动机都来自更基本的动机，但没有哪个动机能被简单归结为获得快乐的欲望。

"自欺欺人！"心理享乐主义者恐怕会如此回应。如果我的愿望都能实现，这对我而言难道不是一种积极体验吗？如果没能实现，这难道不是一种消极体验吗？好吧，是的，想要得到某个东西就意味着，当愿望实现时你会感到快乐，这是其部分意义。但这不能充当享乐主义的论据，因为它没有表明，获得快乐本身就是目标，相反，它表明获得快乐只是实现愿望的副产品。如果你问一个朋友现在几点了，她转过身来解释说，你其实并非真想知道现在的时间，你只是想通过知道现在几点了来获得快乐，那你就可以考虑换一个更善解人意的朋友了。

让我们深入讨论一个日常案例：爱自己的孩子。想让自己的孩子苗壮成长，这没什么好奇怪的。即便得不到真切的回报，比如，指望孩子们能在你耄耋之年照顾你，你也会希望他们健康成长。如果家里有天生患有心智障碍的女孩，父母即便每天需要更加费心费力，也会想让她过上快乐、有尊严的生活，并希望她有一定程度的自理能力。

他们可能会精打细算，放弃购买某些奢侈品，把钱存下来，以便在他们去世后，女儿能得到良好的照顾，即便那时他们已无法亲眼见证。如果你要问为什么他们要做出这些牺牲，他们有可能会告诉你，他们爱自己的女儿，希望她的生活过得尽可能好。这是对所有这些举动的最佳解释。你不需要成为一个真正的进化心理学家就能理解，对动物而言，自然选择的压力让它们进化出了帮助后代成长的能力。对于像人类这样的复杂动物来说，这种能力的一种表现方式就是爱。尽管这一动机是为亲生的孩子进化出来的，但它不仅适用于此，如果女儿是被收养的，爱的动机仍会发挥作用。

心理享乐主义者可能会提出反驳，告诉父母们："你们的动机并非真正出于爱你们的孩子，你们只想从帮助他们的行为中得到暖心的感受，或者想要避免因为弃养孩子而产生的愧疚感。"我们有什么必要认真对待这种看法呢？这显然不是父母们的真实感受，也会造成错误的预测。这种享乐主义观认为，如果父母能因为弃养孩子获得更多的快乐、承受更少的痛苦，假设服用某种药物能让父母的爱消失，也不会让他们产生愧疚感，那他们立刻就会这么做。但我敢打赌，即便有这样的药物，大多数父母也不会抛弃孩子。

让我们再探讨一个例子。士兵为了拯救自己的战友，宁愿扑向手榴弹，牺牲自己。享乐主义对某些主动赴死的行为做出了解释，比如，想要逃避巨大的痛苦。但它无法解释士兵牺牲自己救战友的例子。另外，并非每个选择自我牺牲的士兵都相信自己能在天堂得到永恒的奖赏，毕竟，战壕中还有很多无神论者。

再次申明，我并不否认享乐动机在日常生活中扮演着某种角色，也欣然同意玩世不恭者的一种说法：有时候我们会自我欺骗，让自己相信人们的行为动机与享乐无关。比如，对投票行为模式的研究[42]表明，政治立场和个人利益的关系非常密切。想知道玛丽对政府资助儿童保育和富人增税等政策的看法吗？只要知道她是否有小孩，以及她自己每年赚多少钱，你就能猜出大概。

然而，这些例子远不能证明享乐主义是正确的。**还有证据表明，受自然选择与文化影响的人类本能，使我们生来就希望我们的社会变得更美好，希望正义得到彰显**。这意味着，我们的某些心理动机与享乐动机有所区别，有时甚至有所冲突。

我们该如何评价那些坚称自己是享乐主义者的人呢？我也见过一些这样的人。他们表示，在某种程度上他们也会做出利他举动，或者参与一个颇有难度的长期项目，他们这么做只是为了从中获得温暖的感觉。这类人让我想到的不是躺在沙滩上享受慵懒时光、吃着热巧克力圣代的那些人，或者抽身于艰难的工作，以其他方式让自己放松的人；也不是人生达到了某个阶段，只希望生活过得轻松的那些人，喜欢与子孙尽享天伦之乐，玩填字游戏，在壁炉边上读书，等等。相反，我所想到的是声称自己除了快乐什么都不在意，并坚称所有人都是如此的那些人。

或许这类人对自己产生了错误的认知。作为心理学家，我很容易理解，人们对于自己脑海中的想法常常抱有错误的解释。弗洛伊德说得很对，有时你认为你做某件事是出于某种原因，而事实上却是出于另一种原因。

　　这种情况有时会发生在我的道德心理学研讨课上。我和我的学生会探讨与利他主义、公平、忠诚、报复、性和饮食禁忌等主题有关的各种相互矛盾的理论。比较常见的情况是，当我们在第一堂课上围坐在研讨桌旁时，有人会说，他们不相信真的存在对错之类的东西。有时学生们会以非常狭隘的方式理解道德，将其等同于宗教激进主义者所笃信的道德观。或许，有时学生们只是想激起我的反驳。我确实会反驳，其中一种方式就是让他们对一些规矩做出评价，而这些规矩是我正在思考并将用于本学期剩余课程的策略。我告诉他们，我准备给黑人学生更低的分数；不准跨性别学生上我的课；当我们探讨复杂问题时，坚决让女学生离开研讨课教室。

　　学生们当然知道我在做什么，但当我提到这些规矩时，他们还是发出了嘘声。就在这一刻，学生通常会承认，没错，我的这些规矩是存在道德错误的，而不仅仅是不具可行性、不遵循传统或者不能将学生的福祉最大化。我举这个例子是想强调，很多自认为不关心道德问题的人很快就会被现实提醒：他们的大脑不可能不思考道德问题。事实上，或许没人比美国的大学本科生更关心道德问题了，先且不论这是件好事还是坏事。

　　不过，也许我们中间的确有真正的享乐主义者。对任何存在连续谱系的事物，总有一些人会落在两个极端中的一端。比如，人们的性动机是有差异的，有些人甚至对性爱一点儿兴趣都没有。在我大多数作品中，我一直认为存在着天生的道德动机，不过有时候的确有少数真正的精神病患者是没有道德感的。在我的研讨课上，没有学生声称过自己是这类人，他们当然不会这么做，因为一旦暴露自己患有精神病，他们就无法在这个社会中很好地生存。因此，真有可能存在一些人，他们对快乐之外的其他行为动机无动于衷，但大多数人并非如此。

我的观点是，普通人拥有多种各自独立的动机。有些属于享乐动机，包括性满足、对饥渴的满足，甚至寻求程度相对较低的某些疼痛带来的满足感。有些属于道德动机，包括行善、追求公正和公平的愿望。还有一类动机，它与意义和目的有关。这类动机更贴切的术语应该是"凭着理性积极生活所带来的幸福"（eudaemonic），但它不容易拼写和朗读，我将尽量少用它。意义和目的动机包括追求诸如上战场、登山和成为父母之类的目标。

一般而言，这些不同的动机是兼容的。你可以过上既快乐又有意义的生活，哪怕有意义的人生的确会包含痛苦的体验，但这样的人生不一定是残酷的，因为虽说人们时不时地会遇到压力和困境，但克服它们也会带来巨大的乐趣。

我们该如何为这些不同类型的动机排序呢？哲学家罗伯特·诺齐克（Robert Nozick）提出了"体验机器"的思想实验[43]。人们沉浸在该机器中会产生一种幻觉，觉得自己过上了具有强烈愉悦感、幸福感和满足感的生活。担心错过真实世界中的体验？完全不必，因为该机器能让你意识不到你生活在虚拟世界中。

诺齐克表示他不会让自己沉浸在该机器中，包括我在内的很多人也不会这么做。我们希望生活在现实世界，做些实在的事情，而不只是享有体验。事实上，在诺齐克看来，"我们首先想要做某些事情，其次才是想要获得做事情的体验"，再宽泛一点说，"一个浮在水桶上的人就像是一团缥缈的泡沫", 谁又希望自己的人生像是缥缈的泡沫呢?

不过, 我得承认, 并非每个人都有同样的反应。以下发表在 Twitter 上的帖子把我逗笑了, 这说明的确有人把享乐看得无比重要。

> 诺齐克:"这台体验机器能够完美模拟一种有求必应的生活——"
>
> 我:"我要报名。"
>
> 诺齐克:"等等, 你瞧, 它并不能让你真正过上随心所欲的生活。你只能想象它可以, 但是——"
>
> 已经钻进机器的我:"再见, 书呆子。"[44]

有些怀疑论者会指出, 像我这样的人之所以从直觉上不喜欢体验机器, 是因为我受到了"现状偏见"(status quo bias)的影响[45], 导致我倾向于持续做我习惯做的事情。我们从未在体验机器中待过, 而进入体验机器会带来一种令人震惊的变化。不过, 我们可以把诺齐克设想的场景颠倒过来: 假设你过着良好且令人满意的生活, 也许你现在就过着这样的生活, 突然, "砰"的一声, 你发现自己身处一个白色房间, 某个笑眯眯的实验室技术员走近告诉你, 过去几年你一直待在体验机器里。你体验到的所有满足、成功和人际关系都是神经幻觉。现在是由政府定期强制执行的例行检查时间, 工作人员会问你是希望继续待在体验机器里, 还是回到现实世界。当然, 后者远没有待在体验机器里愉快。如果你决定待在体验机器里, 这次例行检查的记忆就会被抹掉, 回到体验机器后, 你仍然会认为你在机器中的生活是真实的。

老实说，我不太肯定我在这种情况下会怎么选择，但与我交谈过的人当中，有些会选择离开体验机器。这表明，生活在现实世界不仅重要，而且对某些人而言，比过上充满快乐的生活更重要。

平衡生活中的幸福感与意义感

截至目前，我几乎还没提及"意义"的确切含义。后文将会予以详尽阐述。现在，我想为动机多元论提供更多证据和理由，从而区分快乐的生活与有意义的生活，以此为这一导论性质的章节作结。

科学实验室   THE SWEET SPOT

我们先从罗伊·鲍迈斯特（Roy Baumeister）及其同事的研究说起。他们对数百人做了一系列调查[46]。在其中一项调查中，他们让人们回答，在多大程度上赞同关于幸福问题的如下陈述（7分制）："总体而言，我认为自己生活幸福""总体而言，我感到我生活幸福""相比我的大多数同辈，我认为自己生活幸福"。他们还询问了关于意义的问题："总体而言，我认为自己生活是有意义的""相比我的大多数同辈，我的人生是有意义的""总体而言，我感到我的人生是有意义的"。此外，考虑到我们之前谈到过的关于"幸福"的定义问题，这项研究并不完美，我希望他们是就"快乐"或其他更具体的感受向人们发出的提问。

　　然后，在其他调查中，鲍迈斯特及其同事向同样一群人了解他们生活的各个方面。这有助于我们了解那些认为自己过得幸福、有意义、既幸福又有意义或既不幸又无意义的人的生活究竟是什么样子的。

　　结果表明，生活中的某些特征既与幸福有关，也与意义有关。如果你认为自己属于无趣之人，那么你就不太可能过上幸福或者有意义的生活。与之类似，如果你认为你的社交圈很小，或者你觉得很孤独，那么你过上幸福和有意义的生活的可能性也不会大。事实上，鲍迈斯特及其同事得出的一个主要结论是，幸福感和意义感之间存在关联：幸福感很强的人倾向于认为自己的生活有意义，反之亦然。你可以同时拥有两者。

不过，有些人可能幸福感很强，意义感较弱，或者相反。事实上，有些特征与幸福感有关，而与意义感无关，反之亦然。两者存在如下四种差异：

　　第一，健康、感觉良好、富有均与幸福感有关，但很少与意义感有关，甚至完全无关。

　　第二，受访者表示，当他们更多地反思过去、寄望未来时，他们的人生意义感更强，但幸福感更弱。

　　第三，意识到你的人生过得相对惬意会让你觉得更幸福；意识到你的人生过得不如意会让你觉得不那么幸福，却更有意义，尽管这种意义感比较微弱。你认为你的人生充满了挣扎吗？如果是，你就有可能觉得不幸福，但更有可能认为自己的人生更有意义。你正面临压力吗？这会让你觉得人生更有意义，却不那么幸福。这些结论与我们稍后将会详尽探讨的一项研究吻合：有些工作不会让人们赚很多钱，而且需要处理复杂且有压力的情况，但从事这些工作的人会认为其工作有极大的意义和价值。

第四，研究人员向人们提出如下问题，并且不做任何解释："你是一个给予者（giver）还是获取者（taker）？"尽管不够显著，但还是存在一种模式：给予者觉得自己的人生更有意义，而获取者更少这么认为。获取者觉得更幸福，而给予者更少这么认为。

总而言之，幸福感强的人大都身体健康，经济状况良好，生活中充满了快乐。那些觉得自己的人生很有意义的人也许没有前述特征，他们会设定高远的目标，生活中有更多的焦虑和担忧。该研究文章的合著者之一凯瑟琳·沃斯（Kathleen Vohs）在随后的探讨中写道："这些结论表明，幸福感与感觉良好、回避痛苦和满足需求有关。相反，人生意义感则与关心他人及事件的结果这类行为和感受有关，其中少不了争论、担忧和压力。"[47]

科学实验室 ——————————————————— THE SWEET SPOT

现在，让我们来探讨意义感和幸福感的另一种差异。2007年，盖洛普在 132 个国家调查了超过 14 万人[48]。他们要回答关于人生满意度的一些标准化问题，比如，他们当前的生活状态位于 0（最糟糕的生活）到 10（最棒的生活）的哪个位置。同时，他们还要回答另一个相关问题："你认为你的人生有重要的目的或意义吗？"

人们很容易猜到哪些国家的幸福指数最高，比如，挪威、澳大利亚、加拿大等。这些国家富裕、安全、宁静、有良好的社会保障体系。这项调查与其他调查得出的结论类似：人生满意度与人均GDP（国内生产总值）强相关。

不过，相反的情况是，那些认为自己的人生最有意义的人来自塞拉利昂、多哥、塞内加尔、厄瓜多尔、老挝、乍得、安哥拉、古巴、科威特和阿联酋，这些国家中很多相对贫穷，治安糟糕，少有宁日。事实上，GDP与意义感负相关。越穷的国家的人们越倾向于认为自己的人生有重要的目的或意义。

我们该如何解释这一现象呢？调查人员还提出了这样一个问题："宗教是你日常生活的重要组成部分吗？"结果，自称有宗教信仰的人更有可能表示自己的人生有意义感。既然宗教也与贫穷有关[49]，你也许会因此认为，贫穷与意义感有间接关系。

或许贫穷本身就能带来更强的人生意义感。在探讨这些结论时，亚当·奥尔特（Adam Alter）认为，"也许是因为贫穷剥夺了人们的短期幸福感，迫使他们用长远的眼光来关注他们与孩子、诸神、朋友之间的关系，随着时间推移，这会让他们觉得人生更有意义感"[50]。换句话说，也许舒适的生活更容易让你摆脱生活中的挣扎，而如果挣扎与意义有关，正如我将在后面章节探讨的，就解释了为什么富裕国家，尤其是那些高福利国家，其公民相对缺乏更高层次的人生意义感。

我已经在前文驳斥了简单的享乐主义，但这些调查数据表明，**我们应该理解快乐和幸福的价值，即便不是享乐主义者，至少也应该成为享乐主义反对者的反对者**。毕竟，你更愿意生活在哪个国家，挪威还是乍得？你更希望待在加拿大还是塞拉利昂？也许这些问题并没有一个正确的答案，但如果这就是幸福感和意义感之间差异的体现，那么我宁愿选择幸福感，而且我敢打赌，包括乍得和塞拉利昂在内的大多数居民都会认同我的选择。

然而，我认为我们可以同时拥有幸福感和意义感。别忘了，在鲍迈斯特的研究中，一个人的幸福感与意义感是相关的，拥有其中一个会增加拥有另一个的概率。我们还需谨记，生活在富裕国家的人并非都缺乏意义感，比如，在相对幸福和富裕的日本及法国的受访者中，有 2/3 的人表示他们的人生有意义。这一点可不是无关紧要的。

我将以一个禅宗思想实验结束本章。我在一家电影院等着看《复仇者联盟 4：终局之战》，影片开映前播放了一家银行的广告，但广告词完全没提及那家银行的名字，只是一段段旁白伴着漂亮的画面在屏幕上闪过。回家后，我上网搜索了那段旁白，想知道它的出处，因为它听上去像是引自某部文学作品，而不是由广告文案人员想出来的。果然，它出自英国哲学家和广受欢迎的禅宗诠释者艾伦·沃茨（Alan Watts）之手。

一开始，沃茨让你想象你能梦到你希望的任何场景[51]，并且绝对栩栩如生。有了这种能力，你就能在某个晚上做一个持续 75 年的梦。你会在这 75 年间做些什么呢？他说，显然，你会实现所有的愿望，选择体验每一种快乐，这会是一场享乐主义式的狂欢。

然后，假设你第二天还能做同样的梦，接下来每天如此。沃茨说，很快，你就会对自己说：

　　现在还是给我来点惊喜吧，让我的梦不要处于我的掌控
之中，让某些发生在我身上的事在我预料之外。

　　然后你会继续这场"赌博"之旅：逐渐增加风险、不确定性、不可知性和剥夺感。你会给自己设置障碍，直到无法逾越。正如沃茨所说，到了最后：

　　你会梦到，你梦想中的人生就是你现在过着的真实
人生。

　　你现在过着的人生就是最好的人生吗？可能不是，因为它不乏困难、挣扎、担忧和失落。然而，沃茨的思想实验与事实非常接近，其意义深远。

THE
SWEET
SPOT

第 2 章

先苦后甜比先甜后苦的记忆更美好

- 某件事之所以让人感到快乐，并不是因为它本身具有快乐的性质，而是它与过去的体验形成了反差。

- 我们在回顾某段经历时并不关心它的总体体验，而会赋予即将结束的那段时间更大的评价权重。

- 消极体验能以某种特殊的奖赏方式让人保持专注。

THE SWEET SPOT ————————————————

你最后一次尖叫发生在什么时候？就说我吧，它发生在几个月前孟买的一家酒店房间里。早上我正在收拾行李，想把电源转换插头从墙上取下来。那是我从酒店借的，样子很丑，不知在什么地方有一些不该有的金属尖头，我一定是碰到了它们，因为之后我就躺在了房间的另一侧，一边喘气，一边颤抖。稍后，我将会探讨普通人何以会从温和的电击中获得怪异的快感。但我遭遇的电击一点儿也不温和。

我们会在感到疼痛时尖叫。然而，奇怪的是，当我们遭遇疼痛的反面——强烈的快感、愉快的惊喜、极度的兴奋时，我们也会尖叫。你看过 20 世纪 60 年代，粉丝们见到披头士乐队时的视频吗？粉丝们一直在兴奋地尖叫。

哭泣也一样，既可以由痛苦也可以由喜悦激发。你可能会在人生最低谷时哭泣，也可能会在人生最得意时哭泣，比如，在婚礼和葬礼上，或者在面对胜利的激动和失败的苦痛时。我有一个朋友，自认为是一个硬汉，但我见过他因为一则为奥运会制作的煽情商业广告[1]而落泪。广告的主要内容是母亲如何帮助摔倒的孩子重新站起来。事实上，我当时跟他一样在落泪，虽然我很难用语言准确描述是什么东西让我们忍不住掉下眼泪。

哭泣是一种令人颇为费解的现象。我最喜欢的书之一叫《绘画与眼泪》（*Pictures and Tears*）[2]。该书作者是艺术评论家詹姆斯·埃尔金斯（James Elkins），书中的内容都与那些让人们流泪的画作有关。有时，描绘悲剧事件的作品可能会让你流泪，因为你会在真实生活中遇到这类事件，比如，孩子早亡。有时，这些画作会让人产生痛苦的联想。埃尔金斯从一位英文教授那里听过一个故事，教授的妻子有了外遇后画了一幅画，画中有他们的床，空荡而未经整理。一天，教授独自一人在房间里，看着那幅画，思考着它的含义，然后他开始哭起来。不过，埃尔金斯也从其他人那里听到过另外的说法：人们之所以会哭，是因为画作太美了，以至于几乎无法承受。人们会因为普通人的创造物所激发出的积极情感反应而深受感动。

但凡要寻找悖论式的情感反应，你就会发现它们无处不在。我们会为有趣的事情发笑，但也会为令人紧张或尴尬的事情发笑。高兴的时候我们会咧嘴而笑，但有时愤怒至极也会让我们咧嘴而笑。微笑与快乐有关，但当研究人员让被试观看一部伤感电影的片段[3]——电影《钢木兰》（*Steel Magnolias*）中一位女士在她成年女儿的葬礼上致辞的场景，大约有一半的被试在观看时面露微笑。

一般而言，人们很难分辨极端表情所表达的情绪。《科学》杂志的一篇论文以两个人的表情举例[4]，其中一个中了巨额福彩，另一个刚刚看了他三岁的孩子被车撞倒的画面，来说明如果只看两人的表情，你可能无法分辨哪个中了彩票，哪个倒了霉。类似地，研究人员还发现，只看表情的话，被试无法分辨谁是高风险竞技运动的赢家，谁是输家。有趣的是，一旦人们看到运动员的身体姿态，知道运动员正在对何种行为做出反应，人们就能"看见"表情传达的情绪。在这种情况下，表情所传达的情绪就不再显得模糊不清了。

再举一个不同的例子。想一想有时人们看到婴儿时的反应，菲律宾人有个专门的词来形容这种反应：gigil，意指人们对可爱的、脆弱的事物所展现的激动情绪。比如，我们想要捏婴儿的脸，我们经常轻咬婴儿，说自己好想吃掉他。你可以想象，你朋友把他一岁的孩子带到你面前，你靠过去，抓住孩子的脚趾头，轻咬它们，然后嘟囔着说："我想吃掉你！"没人会认为你真的疯了，甚至连孩子也不会这么认为。奥丽娅娜·阿拉贡（Oriana Aragón）及其同事做过一个调查[5]，发现大多数人都同意如下论断：

> 当我抱着一个特别可爱的婴儿，我有去捏他的小肥腿的冲动。
> 当我看到一个特别可爱的婴儿，我想去捏他的脸。
> 当我看到我认为很可爱的事物时，我会攥紧拳头。
> 我会假装咬牙切齿地告诉一个可爱的小孩："我想把你吃掉！"

关于这些奇怪反应，阿拉贡及其同事所提出的理论假说认为，当你见到披头士乐队、某件艺术品或一个婴儿时所产生的感受过于强烈，那些奇怪的反应就会出现。你需要让情绪平复，而为了做到这一点，你会呈现出相反的表情，做出相反的举动，以抵消那种强烈的感受。你可以想象将冷水浇在失控的火势上的情景。研究性高潮时面部表情的研究人员也得出了类似的结论，认为那样的表情是为了调节"过于强烈的感知输入"。

这种以消极情绪抵消积极情绪或者相反的做法适用于多种场合。它可能解释了我们在日常生活中做决策的方式。通常，人们每天既会遇到开心的事情，也会遇到烦心的事情。从某种程度上讲，我们可以掌控何时做开心的事情，何时做不那么开心的事情，比如，何时出去跟朋友聚会，何时清理猫的粪便。为了搞清楚我们的决策方式，一项研究利用一款手机应用软件，在一个月内实时测量了2.8万个被试的情绪和行为。结果，被试的决策方式证实了研究人员提出的"享乐的灵活性原则"（hedonic flexibility principle）[6]这一假说。当被试不开心时，他们倾向于做让自己开心的事，比如运动；当他们开心时，他们会做不能带来快乐但又必须要做的事，比如家务活。积极和消极情绪因此保持了平衡状态。

我们感受到快乐，
是因为和过往体验形成了反差

"受虐"（masochism）这一术语是精神病学家理查德·冯·克拉夫特-埃宾（Richard von Krafft-Ebing）在19世纪末提出的，它取自奥地利作家利奥波德·冯·萨克-马索克（Leopold von Sacher-Masoch）的名字。

虽然这个词保留着一定的性含义，但它很快就有了更广泛的意思。弗洛伊德在 1924 年发表了一篇题为《受虐的经济问题》（The Economic Problem of Masochism）的文章，探讨了性受虐问题，也谈到了道德受虐问题[7]，比如，人们会为了缓解愧疚感而去寻求痛苦。我们接下来会探讨这种现象。后来保罗·罗津（Paul Rozin）又发明了"良性受虐"（benign masochism）[8]一词，用于指涉某些自愿遭受的疼痛和痛苦，而其中大多数都与性行为无关。

有很多行为不属于良性受虐，比如，做出诸如生养小孩之类的艰难的人生抉择，做出会伤害身体或者造成剧烈疼痛的行为。蒸桑拿带来的愉悦感和疼痛感通常属于良性受虐的绝佳案例，但也可能会做过头。在 2010 年世界蒸桑拿比赛[9]中，两位决赛选手在 110 摄氏度的高温下忍受了 6 分钟，被烫成重伤，其中一位不久后去世，另一位处于医学昏迷状态，直到 6 周后才带着严重的烫伤苏醒过来。这种行为当然也不属于良性受虐。

良性受虐是指那些通常会带来痛苦或不适，但不会造成伤害的行为。我们会带着好奇心去闻那些明知道已经腐坏的食物，会用舌头小心翼翼地触碰疼痛的牙齿，会按压扭伤的脚踝。我们会观看让我们害怕和哭泣的电影，会吃辛辣食物，会泡温度过高的热水澡。很多心理学家都做过无害但又让人感到疼痛的电击实验，奇怪的是，他们不需要支付很多钱就能吸引被试参与这种实验。事实上，不少人喜欢接受轻微电击，尤其是年轻男性。这种电击的强度虽然不如我在孟买遭遇的那次，但它仍会让人产生疼痛感。

回到本章开头提到的例子，我们能从中得到一些便于理解的线索。诸如朝着披头士乐队尖叫和在看到婴儿出生时哭泣之类的情景，其中积极和消极的情绪显然是交织在一起的。这种体验是众所周知的。据柏拉图描述，苏格拉底在临死前揉擦着自己疼痛的腿，说道："人们称之为快乐的东西是多么的奇怪啊！它是如何令人惊异地与人们认为与其相反的东西——痛苦联系在一起的啊！……如果你寻求快乐并得到了它，就几乎总是会在这一过程中遭遇痛苦。"在现代社会，很多心理学家都认同一种关于体验的"对立过程"（opponent-process）理论[10]，认为我们的心智通过对立过程寻求平衡或者达到稳态，从而使得积极反应会伴随消极反应，反之亦然。比如，完成跳伞后的释放感和成就感总是紧随着对跳伞的恐惧感之后而来。

事实上，所有体验都可以用对立的方式来理解和评价。对"你有何感受"这一问题的最佳回答是"相对哪种情况而言"。当我们的体验不再变化，它就不再是一种体验了。我们会逐渐习惯身处的环境，比如，厨房传来的味道、游泳池的低水温、空调发出的噪声，这些知觉体验终将慢慢地从我们的意识中消失。

对立甚至是看待这个世界的一种基本方式。你不妨在读完这句话之后，盯着某个东西看 10 秒钟，它可以是本书，也可以是你的笔记本电脑、你要点燃的一根香烟、你脚下正在小憩的忠诚的狗。每个东西似乎都是静止的，但这是一种幻觉：你的眼睛正在做快速而微小的运动，即微眼动（microsaccades）。如果使用能够跟踪眼球运动的机器[11]，你就能得到一幅与你眼球同步运动的图像，于是这幅图像就固定在了视网膜上。如果你参与这类实验，就会在人生中第一次体验到在不让自己的眼球四处扫视的情况下看某个东西，这才算是以静止的方式看静物。但这是一种怎样的体验呢？你什么都看不到，所有的东西都

"消失"了。事实上，体验的产生需要以变化为前提。

我们只会对有差异之物而非绝对之物做出反应，这意味着某件事之所以让人感到快乐，并不是因为它本身具有快乐的性质，而是它与过去的体验形成了反差。正如一位神经科学家所说："因为大脑是按等级曲线（grade on a curve）进行评价的[12]，所以会不断地将当下与过去进行比较。幸福的秘诀可能是体验过不幸……短暂的寒冷能让我们知道何谓温暖，饥饿感会让我们追求饱腹感，经历过濒临绝望的阶段会让我们感受到的胜利喜悦更加强烈。"

如果这些例子对证明上述观点来说还是显得太模糊，那可以看看我的同事罗布·拉特利奇（Robb Rutledge）及其合作者所做的研究。在研究中，他们让被试面对一系列投资选项做出选择，这些选项要么收益是确定的，要么面临风险。每做几次选择后，被试都要回答："你现在的开心程度如何？"预测短期开心程度的核心指标不是被试赚了多少，而是相对于他们的预期值[13]赚了多少。金钱带来的快乐和痛苦至少在一定程度上与相对体验有关。

因此，良性受虐的部分含义是指，我们有时会为了让未来的体验最大化，比如在未来获得快乐，而选择承受当下的痛苦。我们渴望追求这样的体验：在经历了痛苦之后很快就能感受到快乐，并且这种快乐的强度超过了之前承受的痛苦的强度。因此，承受泡温度过高的热水澡的痛苦是值得的，因为当水温变得合适时，泡澡的人就会觉得很舒服；吃辣咖喱会让人产生快感，因为当你喝下冰啤酒时，会体验到辛辣被缓解带来的愉悦感。

拉特利奇的研究所得出的结论是，有时更强烈的快乐来自与过往经历的对比，有时又来自与预期值的对比。

科学实验室 ———————————————— THE SWEET SPOT

我们再来看看西丽·莱克内斯（Siri Leknes）及其同事发表的一系列研究论文。他们设计了一些实验来验证他们所谓的"快乐的痛苦"（pleasant pain）[14]。他们的研究内容包括让被试接受大脑扫描，并体验温热、极热以及介于两者之间的温度。在体验之前，被试会被告知他们将经历什么，不过有时他们收到的告知信息是不准确的。这一研究的最大发现在于，尽管被试认为介于温热与极热之间的温度让他们感到痛苦，但如果他们获得警示，预期体验到的是极热温度，他们就不会感到疼痛，甚至会感到快乐。

有人可能会认为，这只不过是反映了语言表达上的混乱。也许在将体验形容为"快乐"时，被试只是在表达真实体验比他们预期的更好。但大脑扫描给出了不同的解释。莱克内斯及其同事发现，在经历"快乐的痛苦"的过程中，与奖赏和评价有关的脑区（内侧眶额和腹内侧前额叶皮层）逐渐活跃，而与痛苦和焦虑有关的脑区（岛叶和背侧前扣带皮层）活跃度则要低得多。这表明它确实是一种积极体验。

如果你认为某件事真的会伤害你，但实际上它的伤害程度很低，这一预期差就会让这种温和的伤害转变成快乐的体验。当然，我得强调，如果疼痛过于剧烈，你就不会有这种体验了。比如，如果你原以为一个酒精喷灯会烧到你的手背，但结果是研究人员用未燃尽的雪茄烟头戳了你的手背，你显然不会觉得这种体验令人高兴，但这类实验的确表明，你觉得痛苦减弱了一点。

其他研究发现，在实验中忍受了疼痛或不适之后，比如把双手放进冰水里，被试会在接下来诸如品尝巧克力 [15] 之类的体验中感到更快乐。就像这样：你想吃蛋糕？我能在你吃它之前电击你吗？这会让蛋糕显得更好吃！这一实验有点怪异，但核心想法是相似的：每个人都知道，如果你饿坏了，你会觉得食物从未如此好吃过；长跑完后，躺在沙发上真是再放松不过；当你离开牙医的诊室时，会觉得生活本身可谓妙不可言。

这就是"对立理论"，它解释了我们为什么会选择承受痛苦。有个老掉牙的笑话是这么说的：一个家伙正在用头撞墙，有人问他为什么这么做，他说："这样只要我停下来，就会感觉特别舒服。"

我还记得小时候在魁北克铲雪的情景，我印象最深的不是铲雪的辛苦或劳累——毕竟我当时还是个孩子，而是冷风吹在帽子没能遮挡住的脸上，以及冰雪掉进靴子并逐渐融化的那种不适感。不过，铲完雪后，我母亲会给我一杯热巧克力，然后我会洗个热水澡，这些都是让我极为享受的事情。一位朋友给我讲过她的一次经历：她曾与一个伙伴在英国乡村远足，走了好几个小时后，她们迷路了，当时食物和饮用水都不够了，天色也逐渐暗下来，她们开始担心起来……接着她们发现了一条伐木路，便沿路往前走，走到了一个小镇，走进了一家酒吧，然后点了几瓶啤酒和几盘炸鱼薯条，坐在户外的夜色中，一边抽烟，一边谈笑。当我朋友谈到经历痛苦后的那种快乐时，她的眼神放出了光芒。

　　选择承受痛苦以增强随后而来的快乐，是一种有效的做法，但它只在某些时候适用，我们必须把适用的场景搞清楚。当你的手不小心摸到了烫东西，再把手放进冷水时会感到特别舒服，但这并不意味着，为了体验随后而来的快乐，你应该故意用手去摸发烫的炖锅。人们绝不会真的因为停下来感到很舒服而用头去撞墙，也没人会因为承受痛苦后的感受如此愉悦而去看牙医。我7岁的时候虽然享受铲雪后的快感，但如果我坚持让父母把我带到雪堆面前，只是因为我想体验铲雪后的快感，他们可能会把我送到精神病院。

　　能让人从痛苦中获得快乐的场景并不太多，这是讲得通的。正如边沁和达尔文所说，疼痛感本身能阻止我们去做某些事情。当我们触碰发烫的东西时，我们会感到疼痛，因为高温会损伤身体，最终对生存和繁衍不利。疼痛的主要作用在于，它能让我们抽回自己的手，咒骂一番，然后立即把烫伤的手浸泡在冷水中，并且一想到这种疼痛就感到害怕……因此，今后我们会更加小心，避免碰到发烫的炖锅。假若人类能够超越疼痛，比如，通过形成反差效应，我们的大脑愿意体验任何疼痛，并将其转化为愉悦感，那么疼痛就不会发挥它应该发挥的作用了。于是，我们的生活时刻都会感受到快乐，但从长远来看这是可怕的。换句话说，如果在疼痛消失之后随即而来的体验让人如此快乐，也就是说伤害身体总体而言是一种积极体验，那么我们就会故意以各种方式时刻伤害自己的身体。结果便是，我们可能活不到青春期。

　　这一结论也适用于心理伤害和痛苦。想想羞辱、孤独、后悔、愧疚等体验吧。上述体验能发挥两种作用：一是引导你基于预期而避免做出某些行为，比如，如果我说的某些话让我感觉糟糕，我就最好不要把它们说出来；二是一旦你做了某些不该做的事，它们会让你吸取深刻的教训，比如，我对某人做的某件事太糟糕了，以后再也不想那么做了。如果人们不以这种方式思考问题，比如，如果他们能从深爱之人的死亡中获得快乐，或者会为某种即将到来的灾难所引起的焦虑感到开心，那么他们的行为动机就是有问题的，他们的生活将化为乌有。

因此，良性受虐要发挥作用，必须满足一定的条件。疼痛必须是相对短暂的，且很快消退，能为形成快乐反差提供条件。此外，良性受虐对身体的损害不能太严重。一旦这些条件得到满足，人们就可以利用反差来创造快乐。就这样，我们解开了良性受虐的部分谜团：我们解释了为什么人们喜欢泡让人感到疼痛的热水澡，喜欢吃让人难受的辛辣食物。

在前一章，我们探讨了卡尼曼及其同事所做的关于幸福的研究，从中得出了一个重要结论：我们理解自身体验的怪异方式解释了良性受虐的特点。想象一下，一个音乐爱好者正坐着听一首交响乐[16]，享受了差不多快一个小时，突然唱片出了点问题，最后 30 秒发出丁刺耳的尖叫声。我们的音乐爱好者可能会说，一粒老鼠屎毁了一锅汤，即便她对乐曲的主观体验仍然称得上美好。为了让这个例子变得更直观形象，假设整首交响乐时长一小时，除了最后 30 秒，其他每个瞬间的音质都很棒，如果采用 10 分制打分，这部分可以得 10 分，而最后 30 秒很糟糕，音质最差，只能得 0 分。因此，事实上整首乐曲超过 99% 的时间都是悦耳的，以平均时间而论，整个体验几乎接近完美。但实际上听者并不这么认为，因为她只记得最后那 30 秒该死的噪声。

然而，如果这首乐曲的噪声出现在开头，之后的 59 分 30 秒音质都很棒，听者的评价就会截然不同。与之类似，如果一个派对虎头蛇尾，那么它给人的印象就不如"蛇头虎尾"那么好。**我们在回顾某段经历时并不关心它的总体体验，而会赋予即将结束的那段时间更大的评价权重。**

科学实验室　

在验证这一结论的一项实验中，研究人员让被试的双手在不同时段浸泡在冰水中，然后问他们哪次浸泡是他们希望再次体验的，也就是说，哪次浸泡让他们觉得不适程度最低。两种浸泡方式是这样的：第一种，60 秒中度不适。第二种，60 秒中度不适，然后水温略微提高，被试仍会感到不适，但程度有所减弱，维持 30 秒。

如果让被试再来一次，该选择哪一种方式才更符合常理呢？直观来看显然是第一种，因为它造成的痛苦更少。然而，被试选择了第二种，这可能是因为最后 30 秒的痛苦体验相比之前有所减弱。为了让你明白这种选择有多怪异，想象你去看牙医[17]（卡尼曼的实际研究是以做肠镜检查的人为调查对象，那时的肠镜检查会使患者相当痛苦），躺在诊椅上，极为痛苦的诊疗过程已经持续了半小时，你的嘴张开着，手指紧抓着椅子扶手，浑身冒汗，这时牙医说："好了，我们做完了。"你说："你能帮我个忙吗？我可不想再回忆起刚才那段可怕的经历，你能让我再多接受 5 分钟疼痛程度更低的治疗吗？"

这难道不是一种很奇怪的请求吗？它表明我们对体验的记忆与体

验本身之间存在着张力，而这种张力会将我们引向不同的体验方向。

就此处的探讨目的而言，记忆的这种特征其实算得上是人类的一种幸运，即先苦后甜的记忆比先甜后苦的记忆更美好。正因为如此，即便在单独估算的情况下痛苦的总量与快乐的总量相同，如果痛苦出现在先，记忆的扭曲也会减少人们对痛苦的体验，增强对快乐的体验，从而提升整体体验。例如，如果我先泡热水澡，再去铲雪，我对铲雪体验的印象就不会是积极的。

消极体验带来专注和快乐

读到这里，你可能会提出反驳意见。我一直在说，良性受虐体验中的疼痛只是一种常规疼痛，就像总会给人带来不快的那种疼痛。体验良性受虐是为了体验随之而来的快乐，就像我可能会为了赚钱买让我开心的东西而去做一份我不喜欢的工作一样。正如安斯利所说："消极体验可以成为促成积极体验的一项投资。"[18]

但这一点可能并不适用于你。也许你真的会享受先苦后甜中的痛苦。也许你真的喜欢咖喱的辣味，喜欢浸泡在冰水中的刺激感，享受阿黛尔《爱人如你》传递出的悲伤。对你而言，消极体验不是必须付出的代价，其本身就有价值。

对这种现象的一种解释与预期有关。也许，当你正在体验蒸桑拿带来的客观意义上的不适时，你也正满心欢喜地期待着跳入冰冷的芬兰湖的兴奋和快乐，而这种预期让疼痛也变成了一种享受。**先苦后甜的积极特征之一（先甜后苦就不具备这种积极特征）在于，即便身处痛苦当中，你也可以从想象随之而来的快乐中得到享受。**

　　再举一个例子，我们稍后将花更多时间探讨它：想想复仇电影的典型叙事结构。一开始，电影中的英雄处于平和状态，比如，在妻子去世后，约翰·威克[19]与一条名叫"黛西"的小猎犬朝夕相处，小猎犬帮助威克逐渐摆脱了悲痛。然后，一件罪恶的事情改变了一切。犯罪分子闯进威克的家，把他击晕，杀掉了他的狗。随后，我们就看到了令人满意的复仇行动。传奇杀手威克结束退休状态，"一心想着复仇的他立即发动了一次精心策划的破坏活动"。看到黛西被杀害时，你感到十分难过，不过，由于你知道这是一部复仇片，这种悲伤很快就会被你看到那些犯罪分子得到应有惩罚的快感所抵消。

　　尽管如此，我不认为预期行为可以解释这一切。除了投资于未来的快乐，还有其他理由会让人们选择承受痛苦，包括道德满足感；知道你是在为了伟大的使命而承受痛苦所带来的满足感；由掌控的快乐所带来的满足感，比如，面对困境时获得的控制力、成就感和自主权。我们将在后面的章节探讨这些理由。

　　截至目前，我们已经探讨了对立理论，但关于良性受虐还存在着其他解释。让疼痛具有价值的另一种力量在于，它能让人保持专注。无论是身体疼痛还是诸如恐惧和厌恶之类的消极体验，它们显然都能引起人们的关注。正如塞缪尔·约翰逊（Samuel Johnson）所说："当一个人知道他将在两周后被绞死时，他的注意力一定会放在这件事上。"

温弗雷德·门宁豪斯（Winfried Menninghaus）及其同事在一篇文章中表明，某些艺术作品之所以丑陋[20]，部分原因要归于作者试图通过令人不快的惊讶感捕获人们的注意力，使得自己的作品能从其他作品中"脱颖而出"，比如，弗朗西斯·培根（Francis Bacon）或卢西恩·弗洛伊德（Lucian Freud）的艺术作品就很怪异。电影中的暴力，有时其表现程度令人瞠目结舌，则属于另一个例子。

消极体验能以某种特殊的奖赏方式让人保持专注。13 世纪的诗人穆罕默德·鲁米（Mehmed Rumi）曾问道："当疼痛产生时，漠不关心能去哪里？"在其他文章里，他写道："寻求痛苦！寻求痛苦，痛苦，痛苦！"痛苦自有其吸引力：它能通过转移你的注意力缓解焦虑，能让你的自我意识消失。

为什么你想要逃离自我意识呢？正如鲍迈斯特所指出的，自我意识承载了负担。在日常生活中，你需要为他人做出负责任的决策，但结果往往令人失望。你需要在社会中展现自己的良好形象；你必须管理好自己的欲望，处理好失望、内疚、羞耻等消极情绪。你无法摆脱过往的记忆、对未来的担忧、对当下的焦虑。长期以来，你的内心独白都是消极的，牢骚满腹。不难想象我们对自己有多厌恶，不仅厌恶我们自己的身体，还厌恶我们的意识。一旦谈及这种痛苦，我们时常会说出那句经典的分手台词："（承受痛苦的）不是你，而是我。"

因此，让自己沉迷于某些行为，比如，高强度的锻炼、解开难解的谜题，可以让你失去自我意识感，从而带来快乐。你也由此"消失"了。人们经常说，进入这种状态是冥想练习的目标之一，但对于我们这种初学者，冥想会带来相反的效果。不分心地陷在自我意识中，于我们而言是一种痛苦的体验，那种"自我感"（me-ness）非常明显，令人不堪其扰。相反，第一次在巴西柔术中与人"缠斗"之后，我意识到，在那段时间里我心无旁骛，自我感消失，一种幸福感油然而生。事实上，我曾在街头遭遇抢劫，尽管那绝对算不上是一种美妙的体验，但事后我的确意识到，在被抢劫期间，我正是处于这种状态，脑海中完全没有任何胡思乱想。如今，当我想让自己摆脱自我意识时，我不会冥想，而是会去听播客节目，嘉宾的声音会不知不觉地自动吸引我的注意力，从而让我摆脱胡思乱想的状态，最终关闭内心的那个"我""我""我"。

于是，这又让我们回到了疼痛问题。疼痛可以比冥想更有效，因为冥想需要不断地与坐立不安作斗争，逐渐驱逐那些让人分心的想法，而疼痛轻而易举就能达到同样的效果。如果你认为播客会让你分心，那就试试踩在指压板上。我不会否认剧烈的疼痛有多么可怕，完全同意我们应该避免这种疼痛。我做牙齿手术时，一定会要求打麻药，对此我感谢医生！然而，疼痛可以转移对自我意识的注意力，这一点是不可否认的。对有些人而言，在某些情况下，疼痛的积极效应会盖过其消极效应。

我意识到，我们正在探讨的施加肢体痛苦、精神羞辱、奴役等行为，在不同的情景下可以变成人与人之间最恶劣的行为。伊莱恩·斯凯瑞（Elaine Scarry）在《疼痛的身体》（*The Body in Pain*）一书中探讨了折磨的问题[21]，详尽地描述了疼痛是如何消除自我意识、摧毁知觉和意义感的。她的观点与鲍迈斯特的观点如出一辙，不同的是，斯凯瑞是在十分恐怖的语境下探讨这一问题的。

折磨和受虐的区别是什么呢？折磨对自我的攻击强度更大，几乎不受限制。但这还不是两者之间的关键差异。真正重要的差异在于选择权的不同。折磨不存在"安全"这个字眼。就受虐而言，自愿而短暂地消除自我意识，让情况受到掌控，可以带来愉悦感。但让某人对你做违背你意愿的事，则是一种相当残忍的行为。

人们通常忽视了受控的重要性。当时任美国国防部部长唐纳德·拉姆斯菲尔德（Donald Rumsfeld）被请求批准强迫关塔那摩监狱的囚犯每天罚站几个小时的提议时，他以强调的口吻回答说，他自己几乎每天都是站着办公的——他有一张站立式办公桌。所以，这能有多严重呢？在报道了同期美国士兵对囚犯施以折磨的新闻后，包括克里斯托弗·希钦斯（Christopher Hitchens）在内的记者决定尝试一下被施以水刑，以便知道那是一种怎样的体验。结果，体验比他想象的还要糟糕。这些冒险行为在某种程度上是出于真正的好奇心和道德关怀，我并不认为它们是无用的，但任何这类实验性的体验就其本身而言都无法模拟真实场景。溺水所产生的生理感觉已经够恐怖了，但显然，水刑之所以如此恐怖，还有部分原因在于，对囚犯施以这种刑罚的人不会在囚犯乞求停止时真的停下来。就道德层面而言，受控和同意都极其重要 [22]，在实际体验中也至为关键。

自我惩罚是消除愧疚感的手段

并非所有的自愿受苦都是健康的。其中一种行为是自我伤害，或者说得更专业一点，是非自杀性自我伤害（non-suicidal self-injury）[23]。与只是施加短暂的疼痛相反，它指的是故意伤害自己的身体，但无意自杀。这类行为通常从青少年时期开始出现：有 13%～45% 的青少年表示自己在某个阶段做过自我伤害的事情。当然，与所有调查一样，调查数据因具体问题和针对人群不同而有所不同。

非自杀性自我伤害也包括自愿受苦。它是对人生中遇到的极端困境的一种反应。这不是一种令人愉快的行为选择。通常，当某个带来伤害的事件让人产生自我厌恶感时，人们就有可能做出自我伤害的举动。一项针对住院患者开展的研究[24]表明，患者做出自我伤害决定的速度非常快，只需几秒钟。伤害发生前，患者通常没有吸毒和饮酒，这说明他们是有意要伤害自己。

我是从疼痛的角度来描述这些现象的，因为割腕、灼烧或其他的自伤方式通常都会产生疼痛感。但有意思的是，有过自我伤害行为的人表示，他们在自伤过程中几乎或者完全感受不到疼痛。有几项在实验室中完成的研究表明，那些有过自我伤害的人痛感低于平均值，他们要花更长时间才会说某个体验让他们感到痛苦，并且对痛苦的体验有更强的耐受力。这有可能是因为割伤自己的人也许天生就有不同于常人的对疼痛的强耐受力，这使得自我伤害对他们而言更具吸引力。或者相反，这种对疼痛感的相对免疫是对反复自我伤害的反应结果。就此而言，我们很难区分其中哪个是因，哪个是果。

为什么他们要这么做呢？其中一个答案在于，这会让他们感觉更好。这是一种转移注意力、逃离自我的方式。事实上，有一种治疗方法就是用伤害更少的行为取代伤害更大的行为，比如，手握冰块，或者用橡皮筋弹自己的手腕。

然而，还有其他原因会导致出现非自杀性的自我伤害行为，比如受到自我惩罚想法的激励，有过自我伤害的人有时会想要通过这种方式惩戒自己犯下的错误。当被问及为何要自伤，他们通常会说，他们对自己感到愤怒，想要惩罚自己。我们应该相信他们说的是实话。

在现代社会，自我惩罚不是一种普遍行为。如果我严重伤害了某人，并且无法做出补偿，我不会找到自己的好友，要求他扇我耳光。然而，在道德要求过于严苛的前现代社会，情况则有所不同。历史学家基思·霍普金斯（Keith Hopkins）讲述了公元 2 世纪的医生盖伦讲过的一则轶事，他的一个朋友的仆人犯了一个小错，朋友怒不可遏，差点儿用剑把仆人杀死。尽管罗马法允许奴隶主惩罚奴隶，但过度惩罚仍是非法的，谋杀也仍然是谋杀。盖伦以其医术救了这个奴隶的命，这事儿就算完结了。不过，没过多久，"盖伦的朋友感到万分悔恨，有一天，他带盖伦来到一所房子，脱掉自己的衣服，递给盖伦一条鞭子，双膝下跪，请求盖伦鞭打他。盖伦越是觉得好笑，他的朋友就越是坚持要求受鞭抽"[25]。盖伦最终同意鞭打他的朋友，但前提是，这位朋友要先听一堂由他讲授的课，内容是关于自我掌控的美德，以及通过非暴力方式控制自己的奴隶的好处。

多年前，我曾在埃及与一位年轻商人喝茶。我刚刚以不菲的价格买了一些廉价小玩意儿，于是在随后的攀谈中，我问他，不算我，在他那里消费最多的游客花了多少钱。他告诉我，一位年纪较大的欧洲妇女曾来到他的商店，完全不知道这些商品的价格。他说服她买下了一块毯子，价格是任何理智的人所能接受的价格的 10 倍还多。他很愧疚，以至于第二天一整天都没吃没喝。

科学实验室 ——————————————————————————————————————— THE SWEET SPOT

我们可以在实验室研究自我惩罚现象[26]。有一项实验让被试写下自己排挤他人的不道德行为，然后，他们被告知将参与另一项活动，把自己的手浸泡在冰水中，直到无法忍受为止。结果表明，写下排挤经历的那个实验组的被试将手浸泡在冰水中的时间比控制组更长，因为后者没有愧疚感，而前者则表示，浸泡更长时间让他们觉得心里更好受了。

在一项类似的研究中，被试被要求写下过往发生的让他们感到"最愧疚"的事情，然后接受电击，电击机[27]由他们自己操控，可以自主选择提高或降低自己承受的电压。结果再次表明，愧疚组选择的电击强度大于控制组。他们接受电击的强度越大，愧疚感消除得越明显。

自我惩罚是在释放信号

寻求短期痛苦的一个深层次目的是发出信号。为什么埃及的那个商人要告诉我他惩罚自己的故事呢？是因为他想通过编撰这么一个故事来获得我的信任，从而向我推销其他商品？假如这是事实，如果我真的相信了他编撰的故事，我就会让他再次得手。或许，他很诚实，的确做过他讲述的事情。但无论有意还是无意，他惩罚自己的目的是向他人表明，他是一个好人。

很多学者援引来自动物实验和进化心理学的研究成果，认为最好将我们诸多反应、口味和行为视为向他人展示我们的优点的方式 [28]。我之所以选择承受痛苦，是因为你会看到我的选择，并因此给予我更高评价。**痛苦的快乐可以是一种社交快乐。**

那么，我们倾向于展示自己哪些方面的优点呢？理论上，我们可以展示所有类型的优点。其中一种便是坚韧。一个人具有忍受疼痛和混乱的能力，并且敢于真正对自己施加痛苦，这种做法可以向他人展示自己在生理和心理上的坚韧。至少以下这个例子可以很好地说明这一点：我因为腿伤而接受物理治疗，有那么一刻，我感到了彻骨之痛，我告诉医生："我敢打赌，就现在的疼痛程度而言，很多人会选择停止治疗，因为他们无法忍受这种疼痛。"她笑着说："情况并非你说的那样，他们会继续接受治疗，而且他们也说过你说的这番话。"这类自愿受苦并不一定是一件令人不快的事情。我曾在一档播客节目上探讨过痛苦问题，节目播出后，伊利诺伊大学一位名叫费尔南多·桑切斯·埃尔南德斯（Fernando Sánchez Hernández）的研究生写信告诉我，墨西哥城的夜生活中有一种名叫"触摸"（toques，西班牙语）[29] 的游戏，即人们紧握金属管，看自己能忍受电击多长时间。这是在朋友和家人间举行的友好竞赛，给人们带来了愉快的时光。

自我伤害的一个目的可能是借此发出信号。除了其他目的，自我伤害者还可以通过这种行为寻求帮助 [30]，发出自己处于沮丧压抑中的信号。美国记者玛丽莉·斯特朗（Marilee Strong）那本著名的非虚构心理学著作的书名很好地描述了这一现象：它是一种"鲜红的尖叫"（bright red scream）。

这种理论的一个版本是由埃德·哈根（Ed Hagen）及其同事提出的，他们将自我伤害视为一种高代价信号[31]。有时某个动物将自己的真实情况呈现给同类是有好处的，也许能表明它有多强壮、多聪明，或者有多危险。然而，问题在于，由于任何人都能发出信号，接收者无法分辨真实信号发送者和虚假信号发送者。于是，解决方案就是发出高代价信号：只有那些真实信号发送者才有足够的资源或动机发送高代价信号。

假设你想让人们知道你很富有，你可以只是说："大家好，我是一个百万富翁。"但这句话存在两个问题。首先，你可能想让人们知道你很富有，但不想让他们知道你想让他们知道你很富有。其次，不富有的人也可以声称自己很富有，因此人们可能会对你的说法持怀疑态度。所以，如果你真的很富有，你需要做的是，以某种看似偶然的方式说出这一事实，同时又表明你其实并不想让人们知道你很富有。

标准的解决方案是用你的身体展示昂贵的奢侈品，比如，一块稀世名表。这就同时解决了前面提到的那两个问题。首先，你有合理的理由反驳说：你并不是故意想露富，你只是喜欢这块表。其次，也是更为重要的一点，这是富人能做而穷人做不了的事情。事实上，人们会认为，对奢侈品而言，它们的高价正是其关键特征[32]，如果这块表的价格降得太厉害，那家手表公司可能就会倒闭。

为什么在私立高中读书的孩子会学习拉丁语、希腊语，甚至梵文？有些人坚持认为这是因为它们本身值得学习，但信号理论家则会说，正是因为其无用性才让其显得重要。让你的孩子花宝贵时间学习没有明显用处的知识就是在向他人表明，你实现了财务自由；穷孩子不得不学习有用的知识，因此他们没有条件学习无用之学。为什么在很多兄弟会、特种部队和街头匪帮内部会出现霸凌现象？因为忍受霸凌是在以高代价的方式向组织表达兴趣或忠诚。如果加入某个组织只需口头表达兴趣，缴纳 5 美元入会费，那任何人都能加入，无法识别死忠者和闲散者。但选择忍受某些令人感到羞耻、痛苦或肢体受到伤害的行为则是一种绝佳的高代价信号，因为只有真正的死忠者才会忍受这些痛苦。同样，以宗教礼俗为例。对一个信徒而言，在麻醉药发明之前，割掉自己或儿子的包皮能在多大程度上体现自己对信仰的忠诚度？答案是，相当大。

现在，请想象你想让他人相信你需要得到帮助、支持和爱。如果你身边的人爱你，你可以直接向他们求助。或者你可以在他们面前哭泣，这是一种普遍的求助信号。或者在一些良好的亲密关系中，只要看到你很忧郁或悲伤，你的父母或配偶就会很快来到你身边，向你提供帮助。

但要是你没那么幸运呢？如果你身边的人很冷漠，或者不舍得付出感情，或者认为你只是试图利用他们呢？或许你正处于一种利益冲突的关系之中，比如，哈根及其同事就举了一个例子：一个女儿希望她母亲能保护她免受继父的虐待，然而她母亲对她丈夫又极为忠诚。在这种情况下，只是提出或者暗示自己需要帮助是不够的，你需要释放高代价信号。

也许自我伤害就属于这类信号，属于那种人们只有在需要引起他人重视时才会去做的事情。为了引起关注而威胁说要自杀的人也是在释放信号，但这种威胁有可能是假的，并且会随着时间推移而失去效果，而自我伤害则是付出了真实的成本，因此是一种更值得信任的求助信号。

我对这一理论很感兴趣，但也抱有怀疑态度。首先，这一理论仅能在特定情形下预测自我伤害。如果青少年与身边的成人有着良好的关系，他们就不太可能自我伤害，如果他们与成人的关系很糟糕，在任何情况下都无法奢望能得到帮助，那他们同样不太可能自我伤害，因为在没人关注的情况下，你是不会发出信号的。这表明，当居于两种极端情况之间时，自我伤害最为常见，即父母并不那么爱你，因此如果你仅仅向他们开口求助，他们未必在意；但他们也并非不爱你，因此如果他们确认你真的遇到了麻烦，就会帮助你。据我所知，还没有相关研究对这一想法做出验证。

此外，自我伤害者通常会伤及身体更不易被看见的部位。如果你想发送信号，为什么不弄伤脸、脖子或双手呢？哈根及其同事意识到了这一问题，并做出了两种回应。一种是，在他们看来，这类高代价信号是一种进化机制，而非有意识的策略，因此人们会有自我伤害的强烈冲动，但又会有意识地选择隐藏这种冲动。比如，哭泣进化为了一种沮丧的信号，但我们通常不想让别人看见我们落泪。另一种是，发送这类信号的原因不在于人们真的想让他人把它视为信号，比如，自我伤害者不希望他人认为他们是有谋划的和有操控意图的，因此，他们不会主动将受伤部位展现出来，而只想被人发现。我们可以在伴侣间更典型的求助行为中看到这种情况。当我想得到配偶关注时，我可能并不想让配偶认为我是在寻求关注，于是我会生闷气，等着配偶来问我："亲爱的，你怎么了？"而常见的回应是："哦……没什么。"

最后，虽然释放高代价信号不可能是对自我伤害行为目的的完整解释，但它可以与前面提到的其他作用——情绪控制（逃避自我）和自我惩罚相提并论。

利用对立理论，辨别真正能转化成快乐的痛苦

通过思考什么东西不能被转化为快乐的感受，我们便能对苦中之乐略有了解。十分显然的是，人们倾向于回避剧烈的疼痛和永久的身体损伤。心理健康的人不会用钉枪射自己，或者灼烧身体的某个部位。

还有一些心理体验也是人们想要回避的。人们通常会在安全的幻想空间为可怕的体验感到兴奋（我将在下一章探讨这个问题），但没人愿意真正面对诸如孩子被杀害、被朋友憎恨、隐藏最深的秘密被曝光等艰难时刻。

还有更微妙的心理体验禁区，比如，很少有人喜欢恶心的感觉。在《纽约客》的一篇题为《呕吐感受》（A Queasy Feeling）的文章中，

作者阿图尔·加万德（Atul Gawande）提到，西塞罗曾描述过，他宁愿去死，也不愿意遭受晕船的痛苦[33]。在经历了波士顿港口邮轮之旅后，我发誓再也不会坐船去看鲸鱼了。有些母亲对孕吐的糟糕记忆盖过了生小孩的痛苦。如果你在跑步中扭伤了脚踝，那么一旦你康复了，就可以重回跑道。但恶心是一种不同的体验，如果某种食物让你感到恶心，你就很难再次尝试它。

加万德注意到，这里存在着进化逻辑。恶心的功能是要让你排出你摄入的有毒物质。那种可怕的体验感以及持久的相关记忆会让你不再摄入它们。这与为何会有孕吐反应[34]以及为何怀孕前3个月孕妇普遍感到恶心的标准进化理论相符，因为当胎儿处于最容易受到自然界毒物侵害的阶段时，孕妇会有很高的生理和心理警惕性。

然而，恶心体验之可怕尚不足以解释其为何被排除在良性受虐清单之外，毕竟，我们喜欢其他那些可怕体验。一种更合理的解释是，恶心不适用于我们之前提到的平衡法则，因为它总是萦绕在人们心头。突然结束的疼痛能为紧接着到来的快乐做好铺垫，比如，我之前提到过的芬兰湖体验，即蒸完桑拿后跳进冰冷的湖水之中，强烈推荐大家感受一下。然而，那种随着时间推移而逐渐淡化的不愉快体验无法让你形成体验反差，你也就无法享受接下来的快乐。也许这就是晕船不属于良性受虐的原因。假设你有一台能让你感到极端眩晕的机器，然后，一旦你关掉开关，你会立即感觉良好。我敢打赌，年轻人一定会排队去体验这种机器。

无聊是最后一种人们很难喜欢的不愉快的体验。我们愿意去一座鬼屋，让假扮的鬼怪跳到面前吓唬自己，却不愿意去一座无聊的屋子，那里没有手机，没有书籍，唯一能做的就是在里面待上两个小时。我之前提到的鲍迈斯特及其同事所做的研究发现，感到无聊会降低人们的幸福感和意义感[35]。然而，我们对于无聊的了解仍然少之又少。

提出一种理论来解释是什么使我们感到无聊[36]，是一项极为困难的工作。早期的一种解释是，当我们的刺激感和兴奋感较弱时，我们就会感到无聊。不过，随后的研究发现，当兴奋感很强时，我们也会感到无聊。感到压力与感到无聊并不冲突。

另一种理论认为，当我们觉得失去了自主权时，我们就会感到无聊。几年前，休斯敦机场的乘客曾抱怨，他们要等很长时间才能拿到行李。机场管理人员没有想办法将行李更快地送达乘客手中，而是把行李提取区搬到远离飞机停靠位的位置[37]。结果，乘客不再为什么时候可以拿到行李烦扰了，因为他们需要走更远的路去提取行李，而抱怨也消失了，原因是他们不再感到无聊。难道你不是宁愿在高速路上多开一个小时也不愿在路上堵车堵上一个小时吗？

但这种自主权理论并不完全正确。如果取行李的路途够长，乘客也会感到无聊，即便他们有自主权，且正为了实现目标而努力。你可以在拥有自主权的同时感到无聊，现实世界中有很多无聊就属于这种类型：你能做你想做的任何事情，但你无法找到让你感兴趣的事情。

稍后，我会探讨人生意义的重要性，并且如果情况真的是只有当我们的行为缺乏意义时我们才会感到无聊，这就正好与本书的主要议题吻合。但真实情况并非如此，有些无意义的行为，比如，玩"愤怒的小鸟"之类的视频游戏、看傻傻的情景喜剧和劣质小说都不会让人感到无聊,它们甚至是无聊的解药。

接下来,我们可以试试另一种方法。我们通过询问为什么会感到无聊来增进对无聊本身的理解。安德烈亚斯·埃尔皮多罗(Andreas Elpidorou)将无聊视为类似于疼痛的体验[38]。正如我们之前所探讨的,对疼痛无感是一种诅咒。这类人会砍、烧、撞击和挤压自己的身体,而绝不会留意到他们做了自我伤害的事情。他们需要有意识的思维来让自己保持肢体完整。**相比理性的思考,疼痛更容易激发行为。**如果你靠在热火炉上而不觉得疼痛,你可能会以理性思维推想,我应该远离火炉,因为它对我身体的伤害是长期而严重的。但如果你能感到疼痛,你就会尖叫,含着泪以最快的速度离开火炉。就算给你100万美元你也不可能继续靠在火炉上!

埃尔皮多罗认为,无聊的逻辑跟疼痛是类似的。**无聊意味着你的需求没有得到满足,是一种信号,表明你的环境缺乏乐趣、多样性和新鲜感。**正如灼烧带来的疼痛告诉我们身体哪个部位受到伤害了,并激发我们做出相应的回应,无聊也会激发我们寻求智识上的刺激和社会交往,去学习、参与、行动。人生若没有无聊感也是一种诅咒。

通常,我们不会让自己感到无聊,我们会利用技术进步去做我们感兴趣的毫无价值的事情。我自己就做过类似的事情,比如,读研究生期间,我有一年沉迷于"俄罗斯方块"游戏,但我认为从根本上讲,这是一种错误的行为策略[39],相当于用麻木的肢体去触碰火炉,而不是远离火炉。最新的研究无聊这一话题的最佳科学论文以类似的结论作为文章结尾:

　　（无聊）是日常生活的矿井中的金丝雀①，能反映我们是否想要以及能否主动参与我们当下的活动。当我们不想或者不能做到时，无聊会促使我们采取行动。我们对无聊做出怎样的反应至关重要：用快乐但无意义的行为去盲目压制每一个无聊的念头就排除了无聊所传递给我们的关于意义、价值和目标的更深的含义。诸如在实验室自我施加电击、对社交媒体上瘾、参与巨额赌博、滥用药物之类的无意义的失调反应，也许能暂时缓解无聊，但代价又有多大呢？

　　等会儿！"在实验室自我施加电击"？这句话指的是几年前发表在《科学》杂志上的一系列非常出色的研究[40]。

科学实验室　　　　　　　　　　　　　THE SWEET SPOT

　　研究人员让本科生被试交出所有随身携带物，包括手机和任何文字材料，然后在一间空荡的屋子里坐一段时间，规则只有一条：他们必须保持清醒状态。根据不同的实验，被试闲坐的时间为 6 ～ 15 分钟。

　　这一研究的重大发现在于，被试真的不喜欢闲坐。哪怕年龄更大的被试以及接受网络监控在家完成实验的被试也不喜欢闲坐。

---

① 20 世纪初，为了及时发现矿井中的有毒气体，英国的专家推荐在矿井中饲养金丝雀。金丝雀特殊的呼吸系统结构使它们对有害气体十分敏感，在矿工们毫无察觉时，金丝雀就已经出现明显症状。随着电子侦测设备的推广使用，金丝雀早已不再被当作"报警器"，但仍被用于指代危险将至。——编者注

被试到底有多不喜欢闲坐呢？在一项研究中，被试受到了会产生疼痛感的电击，然后他们需要回答为了避免再次受到电击愿意花多少钱。随后，他们被要求在电击室里单独待上15分钟，电击机也被留在了电击室。即便他们说他们会花钱避免遭受电击，但在这15分钟里还是有很多被试选择了对自己施加电击。当然，这里存在着性别差异。2/3的男性会对自己施加电击，他们通常只会施加一次，不过有个男性被试对自己施加了190次；而只有1/4的女性对自己施加了电击。这是良性受虐的另一个原因：用疼痛逃避无聊。

无所事事之所以让人如此不适，一个原因在于我们脑海中产生的各种想法此时不再受到外物的干扰，它们会把我们带到让人不舒适的地方。无聊不会让你逃离自我，而是让你沉溺于自我。

说到这里，我们开始明白为什么无聊是良性受虐的糟糕替代品。与其他受虐式快乐不同，无聊不能获取我们的注意力或者引发我们的兴趣，它事实上无法让我们逃离自我。**无聊有可能为未来的体验构筑反差，即如果你在某件有趣的事情发生之前经历过一段无聊的时间，那么那件事可能会显得更有趣**。不过很显然，这种反差还不够大，以至于人们不会为了体验更大的乐趣而选择先去体验无聊。

当然，无聊还是有某种吸引力的。我说过，无聊几乎没有吸引力，但我没说它完全没有。以艺术作品为例，埃尔皮多罗注意到很多艺术作品都很无聊："小说《白鲸》（*Moby Dick*）中阐述的鲸类学就很无聊[41]；音乐家萨蒂（Satie）的作品《烦恼》（*Vexations*）如果全部演奏完也很无聊；瓦格纳（Wagner）的《尼伯龙根的指环》（*Ring*

Cyde）挺无聊；艺术家沃霍尔（Warhol）的《帝国大厦》（*Empire*）、威廉·巴辛斯基（William Basinski）的音乐专辑《解体循环》（*The Disintegration Loops*）、很多慢节奏的电影以及交响乐的第二乐章都很无聊。"他还在其他地方观察到，苏珊·桑塔格（Susan Sontag）在其日记中也表达了同样的感受，并给出了自己的名单："贾斯珀·约翰斯（Jasper Johns）的作品无聊[42]；贝克特的作品无聊；罗布 - 格里耶（Robbe-Grillet）的作品无聊，等等。"

然而，有些人却很喜欢这些作品，或许他们不认为无聊，或许他们承认，即便是伟大的作品有时也会有糟糕的部分，比如，《白鲸》总体而言是很棒的，但介绍白鲸解剖知识的那些章节就很无聊。不过，对有些人而言，无聊也是吸引力的一部分。挣扎着读完无聊的章节可以成为一项吸引人的挑战，也可以成为喜爱程度的试金石。你喜欢读斯蒂芬·金（Stephen King）和迪恩·孔茨（Dean Koontz）的小说，我喜欢读克尔凯郭尔（Kierkegaard）和克瑙斯高（Knausgaard）的著作。从有难度和无聊的著作中获得快乐可以成为另一种形式的信号发送，这种说法不是我第一个提出来的。

人们的行为有各种各样的动机，有时单纯只是为了故意刁难别人。当某个哲学家或评论家试图给艺术下定义时，某些极其"聪明"的艺术家就会创作不符合该定义的作品，毕竟颠覆本身就是创意的核心要义。与之类似，聪明人也许会想出拥抱无聊的理由。一个杜撰的例子来自约瑟夫·海勒（Joseph Heller）的小说《第二十二条军规》，作者告诉我们："邓巴喜欢射击飞碟[43]，因为他特别讨厌这项运动，所以，时间过起来就显得很慢。"原来，邓巴是在"培养"无聊和痛苦，因为他相信这会延长他的生命和主观体验。毕竟，开心和满意的体验总是结束得太快，让人有种离死亡更近的感觉。他的朋友质疑他：

　　"好吧，也许你说得对，"克莱文杰以柔和的语气不情愿地让步道。也许漫长的人生的确需要填充许多不愉快的情景，这样才能显得漫长。但既然这样，谁还想要长命呢？"
　　"我想。"邓巴对他说。
　　"为什么？"克莱文杰问。
　　"除了生命，我们还有别的什么吗？"

THE SWEET SPOT

第 3 章

主动寻求痛苦的快乐

- 人类天生就有能力设想并不存在甚至可能永远不会存在的世界，正是这种能力改变了整个世界。

- 我们的大脑在一定程度上无法区分真实世界中的体验和来自想象的与真实世界相似的体验。

- 那些能够想象糟糕场景并提前做好应对准备的人，更容易在今后的生存竞争中胜出。

THE SWEET SPOT ————————————————————

人类本性具有苦中作乐的能力。受虐倾向在每个社会和每个人身上都存在，尽管其具体表现形式有差异。这种能力是我们人类独有的。

有些学者对这一点持怀疑态度。他们会告诉你，很长时间以来，科学家们都自信地宣称，只有人类拥有语言，有能力思考未来，愿意善待陌生人……然而，其他科学家做了田野调查或者实验室研究，发现事实并非如此，这些能力不是人类独有的，在其他生物身上也存在，不过不如人类强大。这些反驳者也许会继续坚称，一个能够理解进化和共同祖先概念的优秀达尔文主义者只会在程度而非类型上谈及物种之间的差异。

我对这种回应抱有一定的同情态度。当我发现我的人文学科的同事们在谈论人类性行为和人类的社交属性时几乎完全不提及人类进化史或者其他灵长类动物的生活时，我震惊极了。人类不是从一开始就被凭空创造出来的，任何对人类心智运作方式抱有极大兴趣的人必定会对进化理论的逻辑和其他动物，尤其是灵长类动物精神生活的丰富数据有所了解。比如，当小说家伊恩·麦克尤恩（Ian McEwan）观察到 19 世纪英文小说的核心主题完全适用于倭黑猩猩的生活[1]时，他颇有洞见地写道："人类与倭黑猩猩一样，既会缔结也会瓦解联盟；有些个体会成功，而有些个体会失败；都有策划阴谋的能力；懂得复仇、感恩、虽败犹荣；都有成功和不成功的求爱；都会丧亲和哀悼。"

不过，声称某些特征是人类独有的并没错。人们对进化理论有一种误解，即认为全新的器官或全新的能力不能得到进化。显然，它们是能够进化的。随着时间的推移，不同的物种会走上不同的进化之路，从而形成自己独有的特征。比如，只有大象才有那种特征的鼻子[2]。只有疯子才会否认蟑螂与人类之间存在本质上的差异，而不仅是程度上的差异。数百万年的时间足以让人类形成新的能力[3]，包括心理能力，从而将人类与其他灵长类动物区别开来。

即便对进化一无所知，你也应该能清楚地看见，人类身上有很多其他生物所没有的特征。一方面，我们是会在百老汇演出戏剧、登上月球、开设数学专业以及反抗政治压迫的动物；另一方面，我们也是拥有酷刑室、集中营和核武器的物种。

随着时间推移，所有的这些能力都会在人类社群中产生。在当今世界存在这样一些社会，社会中的每个成员都是跟我们一样的人类，但他们不会阅读或写字，对基本的科学和技术知识也缺乏了解。然而，这些社会中的个体仍然拥有正常的心智能力；任何神经正常的个体都能够从事这些人类常见的活动。

当科学家们推测究竟是什么使得人类在这个世界上如此独特时，

他们会倾向于谈论我们强大的社会性、文化学习能力、形成抽象概念的能力，当然，还有我们的语言天赋。然而，他们通常会忽略我眼中人类最大的天赋，那就是想象力。人类天生就有能力设想并不存在甚至可能永远不会存在的世界，正是这种能力改变了整个世界。

想象力，人类用以改变世界的最大天赋

本章主要探讨我们独有的想象力何以给我们带来某些快乐的体验，尤其是受虐所带来的快乐。我们有可能出于两种原因进化出了这种能力，而这两种原因都与快乐本身无关。

第一个原因是我们要与他人打交道。如果你能想象另一个世界，那么即便他人看待世界的方式与你有所不同，你也能读懂他的想法。这使得你能够换位思考、与他人共情等。

从他人的角度看世界是人们做出很多良善行为的必备条件。如果我要缓解你的担忧和恐惧，我就需要理解你的想法，即便我并没有你的那种担忧和恐惧。比如，我可能会去安抚一个害怕小狗的小孩，尽管我一点儿都不怕狗。如果我要教会你一些知识，我就需要想象不理解那些知识会是什么样子，只有这样，我才能把知识传授给你，同时又不让你感到困惑或者无趣。甚至那些看起来很寻常的行为，比如，买生日礼物，跟一个小孩聊天，也需要具有想象他人眼中的世界、体验的世界是何种模样的能力，有时这种能力也被称为社交智商、情商、心智理论和认知共情。我们的利他精神和良善之心根植于具有想象他人想法的能力。

　　然而，残忍和操控行为也是如此。想要了解他人想法的这种能力也被称为"马基雅维利式智能"（Machiavellian intelligence）[4]，这一术语道出了这种能力的负面效应。为了达成撒谎、谈判、诱导、迷惑和戏要等目的，你还需要理解，你的行为对象的想法跟你的想法并不一致。你可能会对我谈及某个你很讨厌的人："不要跟他做朋友，因为他喜欢撒谎，是个骗子。"但事实上，你知道这是一句谎言，因为你知道他是世界上最善良的人。为了让我相信你的话，你需要明白，你正在我脑海中创造一幅图景，它与真实的以及你自己脑海中的图景完全不同。我带着怀疑的口吻问道："他欺骗过谁？"现在，你不得不继续你的谎言，并试图掩饰。你需要想象我现在脑海中的想法，并且你自己脑海中的想法不仅包括一幅真实的图景（仅供自己所用），还存在一幅与之不同的、错误的图景。**撒谎是一件很费心力的事，因为要一直持有两种相互冲突的想法是很难的，但非凡的想象力可以让我们做到这一点。**

　　有些人尤其擅长看穿他人的想法，诸如有天赋的老师、骗子、心理学家、精神病学家和虐待者。有些人则欠缺这种能力，以自我为中心，反应迟钝，总是被他人那些与自己不一致的想法所困扰。如果一个人极为缺乏这种社交推理能力，通常说明他患有孤独症，这也是这类人即便有很高的智商，生活也会很艰难的原因。由于他们不容易理解他人的想法，社交活动对他们而言是痛苦的。

　　当我们还是孩子时，我们时常处于这种痛苦之中。人们一直在争论婴儿和小孩的社会想象能力有多强。事实上，他们看穿他人想法的能力是很弱的。小孩是糟糕的撒谎者，因为他们还无法很好地看穿他人的心思，所以会把撒谎这件事搞砸；他们一边嘴唇上沾着巧克力，一边又否认自己在吃巧克力蛋糕。出于同样的原因，他们也很不擅长玩"躲猫猫"游戏，几乎没有能力去想象如何才能避免被他人发现。尽管如此，正如我在其他地方提到过的，即使与其他处于成熟阶段的物种相比，小孩在理解他人的想法方面的天赋也令人惊叹[5]。

当谈到想象并不存在的世界的作用时，心理学家往往倾向于强调其社会作用，但这种心智系统的第二种作用才是更具普遍价值的，即规划未来。要想过上良好的生活，就需要想象各种场景，看清楚每种场景的形势，就像一台正在下国际象棋的计算机会设想各种可能的走法，并对每种做出评估，以便走出最好的一步棋。如果我想对我的上司抱怨，我就得设想各种后果；如果我想跟律师交谈，我也得设想各种后果；如果我什么都不做，我依然得设想各种后果。如果没有想象力来描绘这些尚不存在的未来，并把它们视为尚未实现的场景，我们就会陷在当下。我们必须做出选择，看看这一选择有怎样的后果，并从经验中学习，以期今后做得更好。正如哲学家安东尼·纳托尔（Anthony Nuttall）所说，通过想象，"人类找到了一种方式，如果不能完全避免死亡的话，也可以推迟和延缓在达尔文式的'死亡跑步机'[6]上的死亡。我们可以将我们的各种假想作为先头部队派遣出去，这是一支可以牺牲的军队，并且我们可以眼看着它们死去"。

只有人类才有想象力吗？其他生物似乎也有一定的想象力，它们可以在有限的程度上做规划，它们也会做梦。尽管这一说法仍具争议，但有些猴子和黑猩猩的确表现出了一些特质[7]，能够理解同类的想法，甚至能够理解同类成员的无知和犯下的错误。

没人怀疑，基因上离我们最近的物种在社交推理和规划未来方面的能力远不如我们，甚至不如我们的幼崽。没有证据表明，人类之外的生物可以有意识地掌控它们的想象。人类在这方面的独特性体现在，我们的人生经历既包含了过去，也面向未知的未来，还包含了他人对我们人生的看法。反观黑猩猩，无论它们的其他能力有多强，也只会陷在此时此地。

大多数快乐并非来自真实世界

我们的生活时刻伴随着想象。如果你细数过往，就会发现人生大多数的快乐不是来自跟朋友和家人待在一起，也不是来自玩游戏，同样不来自竞技运动或者性生活，虽然人们的确喜欢做这些事情，或者至少在填写调查问卷时会如此表态。事实上，大多数快乐不是来自你在真实世界实际做的或体验的事情，而是来自不存在于真实世界的经历，比如当我们阅读小说时，当我们看电影时，当我们玩电子游戏时，以及当我们做白日梦时。它们都属于想象的快乐。这就是我们打发大多数闲暇时光的方式[8]，即沉浸在虚拟世界中。

事物朝着什么方向进化与过程中实际发生了什么，是两件不同的事情。一旦我们拥有了某种能力，我们就能用它来实现一些未曾预料的目标。以想象力为例，我们对想象力的运用就像一个青少年在生日那天得到了一台功能强大的计算机作为礼物，他先是花一周时间在放学后用计算机来为微积分课程的考试做准备……随后就开始把每一分钟用于在计算机上看色情电影、玩"使命召唤"（Call of Duty）游戏、与朋友在社交媒体上分享八卦。

所以，情况的确如此，如果你想让你的基因发表高见，基因就会让你停止幻想，去做一些有利于繁衍的事情，比如吃喝拉撒、维护人际关系、建造住所、抚养小孩，等等。但如今，我们的基因应该习惯了这类反抗。毕竟，进化生物学的基本原理已经告诉我们，某件事物可以为一种目的进化，也可以被用于另一种目的，比如，鼻子可以承托眼镜；脚趾甲可以用来涂指甲油，以俘获爱人的芳心；手指可以快速打字。然而，所有这些功能都不是我们的器官初始进化的方向。

这种进化的过程同样适用于某些心理能力。经过进化，理性思考能力已经可以在复杂且通常是零和博弈的社会和物理世界中处理现实问题，但如今它已经被用于提出理论假说，比如，解释宇宙起源，思考通关虚拟足球游戏的策略，参与数十亿计的与繁衍无关的任务。我们是非常聪明（也可以蠢到自我毁灭）的物种，可以发明所谓的非凡的人造物，而这些人造物的功用远大于我们大脑最初进化时想要发挥的功用。于是，我们喜欢吃大量的巧克力，喝大量的可口可乐。**喜欢甜食是人类进化的结果，最初只是为了很好地适应生存环境，规避始终存在的饿死的风险。**到了现代社会，人们正在过量摄入甜食，并沉浸在其带来的快乐当中。以前可以救命的富有营养的甜水果现在可能危及我们的生命。

再以性爱为例。我们的大脑已经进化出了一种能力，可以在某些情景下产生性欲，而这是通往性行为的重要一步。从达尔文主义的视角来看，性行为无疑是非常重要的人类行为。但我们会受到欺骗，或者允许自己受到欺骗，比如，我们会对想象中的异性产生性欲。这不只是人类的特点。雄性恒河猴会以放弃水果汁为代价来获得观看画有雌性恒河猴屁股的图片的机会[9]。20 世纪 50 年代，研究人员对雄性火鸡的性行为产生了兴趣，他们发现雄性火鸡会骑上栩栩如生的雌性火鸡的模型，也会骑上没有尾巴、脚或翅膀的雌性火鸡模型。事实上，雄性火鸡甚至可以被插在一根棍子上的雌性火鸡的脑袋激发出强烈性欲[10]。

人类也会做同样的事情，比如痴迷于二维屏幕上的画面。不过，与火鸡不同，我们完全理解虚拟与现实、表征与实物的区别。我们还有一点与火鸡不同，即能够为自己和他人的快乐创造可以代表我们自己的作品。也许在很早以前的人类社会，当更有创造力和性想象力的一脉祖先在沙地上画画、在洞穴中绘图、雕刻塑像时，他们的性欲被激发了，于是色情文化产生了。

不过，这种额外进化出的能力也会让人类陷入麻烦。从整体上讲，人类用大量脂肪、糖和盐来生产食品的能力对现代人的健康而言并不是一件好事。此外，有些人显然能从视频游戏和流媒体视频节目而非与真人互动中获得更多快乐；对有些人而言，看色情文学或影视作品已经取代了可以让人类繁衍的更有用也更为复杂的实际性行为。这些行为都会影响我们的生活。

那么，究竟是什么令想象力变得如此有趣呢？

从某种程度上讲，这可以由插在木棍上的火鸡头说明的现象来解释。我们通常会以回应真实世界的方式来回应想象世界。哲学家很早以前就知道这一点，不过他们没有以欲望举例，而是拿恐惧来阐述。蒙田曾写到，如果你将一个智者置于悬崖边上，"他必定会颤抖得像个孩子"。大卫·休谟曾想象一个人被关在铁笼子里悬吊在高塔外面，虽然那个人知道自己是绝对安全的，但他还是会"忍不住发抖"。

我们的大脑在一定程度上无法区分真实世界中的体验和来自想象的与真实世界相似的体验。因此，我们能够创造和享受真实世界快乐体验的替代品，尽管知道这些替代品并非真实存在之物，我们仍能体验到它们所引发的快乐，就如同亲身经历一般。甚至婴儿和小孩也能理解这一点，想想"躲猫猫"游戏，或者父母将孩子举起来，同时发出像火箭升空一样的呜呜声。

这是由想象所引发的快乐的一种最简单的形式，即人们能够在虚拟世界中满足真实世界的欲望。如果我们喜欢性爱，我们就会幻想性爱。如果我们感到孤独，我们就会想象与有趣的人相伴，正如我们看书、看电影和看电视时所做的那样，我们也会想象与朋友对话。如果我们渴望过上充满爱、冒险和成功的丰富多彩的生活，我们可以通过假装自己就是那个真的过上了这样的生活的人，在一定程度上满足自己这方面的欲望。我们只需闭上眼睛想象新世界就能有前述体验，但通常我们会让自己沉浸在比我们更具创造力和想象力的人所创造的世界里，诸如"复仇者联盟"系列电影和莎士比亚戏剧等作品塑造的虚构世界。

当然，他人构建的想象物肯定不如我自己构建的想象物更合我的口味，要是斯皮尔伯格、托尔斯泰或加利福尼亚州某个工作室能创造出正好满足我欲望的作品，我会感到极为幸运。然而，有些人的确比我更擅长编写对话、设计剧情、制造音效，等等。在大屏幕上观看动画片《哥斯拉》比闭上眼睛并试图想象哥斯拉的体验更真切；电视剧《宋飞正传》（Seinfeld）和《伦敦生活》（Fleabag）的编剧远比我更擅长编写对话。

想象式体验的一种特殊形式关乎记忆，即以重温的方式回想过往经历。所有动物都有记忆，但就目前所知，只有人类能够自主回想往事并加以品味。这一能力极为重要，我们会发现，我们关于如何过上良好生活的决策不仅取决于当下的体验，还取决于站在未来回望过去时会有怎样的体验。

我们也因此有了预期。我们之前探讨过与良性受虐有关的对立理论。实际上，该理论的应用范围很广。

科学实验室 ———————————————————————————— THE SWEET SPOT

有一项出色的研究提出了如下问题：假设你可以在得到对方同意的情况下亲吻你最喜欢的电影明星的嘴唇[11]，且不会有任何负面后果，你只能亲一次，但你可以选择任意时点。相比延迟亲吻，你会为马上亲吻支付多少钱？你最想在什么时候亲吻？

如果你在经济学导论课的第一次考试中遇到这道题，你的教授所期待的答案可能是：此时此刻。每个人都知道，当下的一美元比未来的一美元更值钱，同样的逻辑也适用于这里：谁知道未来会发生什么呢？你可能已经去世了；那位电影明星也可能不在人世了；你可能失去了亲吻的欲望；这种神奇的好事可能没有那么大的吸引力了。即便从心理学的角度来讲，"此时此刻"也是最佳答案。经由进化，我们的大脑已经可以理解经济学家提出的"双鸟在林不如一鸟在手"理论的价值，于是我们渴望即时满足，通常会选择马上吃一个棉花糖，而不是选择稍后吃两个棉花糖。

然而，事实上被试更愿意晚几天亲吻。相比在 3 小时或 24 小时之内亲吻，他们愿意为 3 天后亲吻支付更多的钱。被试显然能够通过预期未来获得的愉悦体验而获得愉悦感，因此只需稍微忍一忍，就能在随后获得最佳体验。但也不会延迟太久，相比一年或 10 年后再亲吻，被试为 3 天后亲吻支付的钱更多。

但为什么不能马上亲吻，随后再以想象的方式重温并品味那段记忆呢？我不知道。或许对未来的预期比对过往的回忆更令人愉快？又或许回忆和预期是两种不同的快乐，因此这两种快乐人们都想体验？不管怎么说，预期都是想象式快乐的重要来源。

为了获得快乐，我们主动寻求痛苦

到目前为止，我们已经探讨了使用想象作为真实世界中某些快乐的替代品，即从虚拟世界中体验快乐[12]。但有些想象式快乐似乎与这一描述完全相反。当我们能体验任何我们想体验的世界时，我们却常常会幻想和寻求令人生畏的情景，其中充满了各种痛苦。弥尔顿借撒旦的口说："心灵是个自主的地方，一念起，天堂变地狱；一念灭，地狱变天堂。"

我们经常会主动创造"地狱"。我们以两种相关的方式主动体验痛苦，一种是将自己的快乐建立在他人的痛苦之上，通常是想象出来的他人，另一种是享受直接体验到的痛苦。安娜·卡列尼娜因为痛苦而自杀，这让我们感到痛苦，但我们喜欢这一故事情节。

我在前面探讨过，人们观看恐怖电影能够体验到从间接痛苦中获得的快乐。观看莎士比亚的有些戏剧作品时也会产生同样的效果：你会看到谋杀、折磨等整个过程。

让我们回顾一下古罗马斗兽场曾经的"盛景"[13]。通常，斗兽场的一天是从展示动物开始的，包括从异国弄来的物种，然后让它们相互搏杀。午餐时间和下午早些时候则是执行刑罚阶段，被判有罪的人要么在斗兽场厮杀致死，要么被活活烧死，要么被狮子之类的猛兽吃掉。有时法官还会以重演神话故事的方式行刑，比如，将罪犯从高塔推下就是在重演伊卡洛斯因飞得过于靠近太阳而从高空摔死的场景。

随后上演的是角斗士之间的格斗比赛。奥古斯丁在其《忏悔录》（Confessions）中提到了亚吕皮乌（Alypius）[14]，亚吕皮乌被他在法学院的朋友带到了斗兽场来观看格斗比赛，他很厌恶这种比赛，因此紧闭双眼。但随后，人群爆发的巨大吼声触动了他，让他亢奋："当他看到鲜血时，他开始沉醉在这些野蛮行径中，不但不回避，而且看得入迷。他没有意识到自己在做什么，而是接受了残忍的搏杀，这种邪恶的行径让他感到快乐，他享受着这种残忍的快乐……他观看、吼叫、亢奋，他带着疯癫离开，而这种疯癫会刺激他重返斗兽场。"古典学家加勒特·费根（Garrett Fagan）在其《斗兽场的诱惑》（The Lure of the Arena）一书中复述了这个故事，他怀疑奥古斯丁是在讲述自己的经历，只是出于羞耻而不想承认是自己的经历。

亚吕皮乌和奥古斯丁都是男人，前述的娱乐活动以及现代社会的恐怖电影对男人的吸引力更强，这一点的确是事实。不过，性别差异也不像你预想的那么大。一项针对 1 000 名被试的研究让他们评估自己有多么喜欢看恐怖电影并打分[15]，分值为 1 ~ 5 分。男性的平均分值为 3.5 分，女性的平均分值为 3.3 分。从统计学意义上讲，男女之间存在差异，但差异不大。

恐怖电影被视为低俗作品，但人们也可以在高级作品中发现低级趣味。以百老汇的戏剧为例。2008 年，百老汇上演了戏剧《爆破》（Blasted）[16]。据《纽约时报》报道，该剧涉及各种暴力情节，还有观众当场晕厥。写到此处，百老汇正在上演《1984》[17]，演员的表演如此生动，以至于据说造成了观众"晕厥和呕吐"。

还有一些人则喜欢沉迷于悲伤。有一部名为《我们这一天》（This Is Us）[18] 的大众电视剧，它会让每个观众流泪。我曾在一本杂志上读过一篇题为《〈我们这一天〉让你每周哭一次，这对身体健康有惊人的好处》的文章，也在网上看过人们对该剧的评论，认为它"击中了我们情感的软肋"。从某些方面来讲，悲伤在人类文化中比恐惧更为普遍。据我所知，世界上不存在令人恐惧的歌曲，但存在许多令人悲伤的乐曲。[①]

截至目前，我已经探讨了感受由他人创造的负面体验的情形，但我们通常也会在自己的脑海中创造负面体验。**我们天生就有能力思考我们想要思考的事物，而我们却经常选择思考让自己感到悲伤的事物**[19]。这一点在马修·基林斯沃思（Matthew Killingsworth）和吉尔伯特一篇题为《心不在焉让人不开心》（A Wandering Mind Is an Unhappy Mind）的文章中得到了探讨。

科学实验室 ——————————————————————— THE SWEET SPOT

研究人员使用了"经验取样法"（experience sampling method）——利用苹果手机的一款应用程序，在一天中的任意时间段随机提醒被试评估当前状态。当手机响起时，被试需要回答一个与体验有关的问题："你现在感觉如何？"再回答一个与行为有关的问题："你现在正在做什么？"选项包括 22 个常见的行为。还要回答一个与注意力有关的问题："你正在想别的事情，还是在想你正在做的事情？"

研究人员发现，被试经常心不在焉，将近一半的时间都在走神。心不在焉的时间点不受他们的开心程度或者当下活动的影响。心不在焉的体验中只有不到一半的体验是积极的，超过 1/4 的体验是令人不快的。总体而言，相比集中注意力，心不

————————————

① 从另一方面来说，尽管诸如重金属和尖叫核（screamo）之类的音乐类型不会真正引发恐惧，但的确经常导致躁动和焦虑。在此感谢多伦多大学研究生亚历克莎·萨奇（Alexa Sacchi）对这个问题的探讨。

在焉会让被试不那么快乐。

负面体验不仅仅对成人具有吸引力。从很多方面来讲，小孩很脆弱，很容易感到害怕，也无法像成人那样将想象与现实区分开来。然而，小孩对暴力和恐惧的喜爱程度经常让父母感到惊讶。乔纳森·戈特沙尔（Jonathan Gottschall）观察发现，"（小孩）所想象的世界更有可能是地狱而非天堂"[20]。让我们看一段发生在幼儿园游戏中的常见对白，它是由儿童人类学家薇薇安·佩利（Vivian Paley）记录下来的，对话主角中的一位是 3 岁的马尔尼，另一位是 4 岁的拉马尔：

老师：宝宝去哪里了，马尔尼？婴儿床空荡荡的。

马尔尼：宝宝去了某个地方，因为她听到有人正在哭泣……

马尔尼：拉马尔，你看到我的宝宝了吗？

拉马尔（站在婴儿床边）：看到了，她在黑森林里，那里很危险，你最好让我离开。她在我正在挖的这个洞下面。

马尔尼：你是她爸爸吗？拉马尔，把我的宝宝还给我。哦，谢谢你，你找到她了。

老师：她在黑森林里吗？

马尔尼：拉马尔，她在哪里？不要告诉我她在洞里。不，不在洞里，那不是我的宝宝。[21]

人们喜欢想象出来的负面事物，这一事实一直让哲学家们着迷。休谟为这一谜题提供了一个经典的解释框架，而本章的主题也受此启发：

这似乎是一种无法解释的快乐 [22]。观众能从一部出色悲剧所传递的悲伤、恐惧、焦虑和其他负面情绪中感受到快乐，而这些负面情绪就其本身而言是令人不快、让人不安的。观众越是被这些情绪所触动和影响，就越是喜欢这些场景……他们的开心程度与感受到的负面情绪的强度成正比。当他们用眼泪、啜泣和哭号来发泄自己的悲伤，安抚自己的心情，让自己满怀最慈悲的怜悯和同情时，就会感到快乐至极。

休谟看待这一问题的方式蕴含了一种假说。有些心理学家认为，那些喜欢看恐怖电影的人并非真的感到害怕，而那些喜欢悲剧的人也并非真的感到悲伤。这些心理学家还认为，这些负面情绪是一个人为了获得未来的快乐而愿意支付的代价，也就是说，它们是你为了得到好处而必须忍受的东西。相反，休谟认为，这些体验带来的快乐与人们感受到的焦虑、悲伤以及诸如此类的负面情绪成正比。用现代术语来讲，在休谟看来，负面情绪是特点（feature），而非缺陷（bug）[23]。

休谟的看法是正确的。毕竟，喜欢看恐怖电影的人只是因为这些电影让人害怕才会喜欢它们。在一项心理学研究中，一位被试的回答很典型："这听上去似乎很有受虐倾向，但一部恐怖电影越是让我感到害怕，就越是吸引我！"[24] 同样，如果你告诉某些人，《我们这一天》中的悲伤情绪只是这部剧的一部分，你必须忍受这种情绪才能体会到它带给你的快乐，他们会转过带着泪痕的脸困惑地看着你。他们真的是在体验剧中的悲伤啊！我的小儿子扎卡里大约 4 岁的时候，有一天正在看一部有暴力追逐场景的动画片，他忽然激动起来，并开始抽噎，我对他说："不要担心，扎卡里。"然后，我拿起了遥控器。他转过身来，对我又吼又哭道："不要关掉电视！"

科学实验室 ——————————————————

爱德华多·安德雷德（Eduardo Andrade）和乔尔·科恩（Joel Cohen）所做的一项研究支持了前述观点。他们对两类人进行了测试[25]，一类是恐怖电影爱好者，声称每月至少看一部恐怖电影，另一类是恐怖电影回避者，几乎从不看恐怖电影。然后，研究人员让两类被试观看从两部恐怖电影中选取的一些恐怖片段。

在看过这些片段后，每个被试都要填写问卷来描述自己的感受。恐怖电影爱好者和回避者都声称自己体验到了负面情绪。但只有爱好者声称还感受到了积极情绪，他们并非对恐惧和焦虑无感，与其他人不同的是，他们能从中体会到快乐。

在接下来的一项研究中，被试要反馈他们看电影时的反应。他们用鼠标点击自己的感受程度，分值为 1～5 分，情绪类别包括害怕、恐惧、警觉、开心、欢乐、高兴。对那些不喜欢恐怖电影的人而言，害怕与开心是负相关的，但对恐怖电影爱好者而言则相反：害怕和开心是正相关的。

一项相关的研究让被试观看 38 部电影的片段[26]，每个片段包含一到两分钟特定情节，其中一部电影的一个情节是，主角知晓他深爱的人去世了。这是《神秘河》（*Mystic River*）中的一个片段，西恩·潘（Sean Penn）扮演的角色获悉他 9 岁的女儿被谋杀了。对这一场景越是感到悲伤的人，越是想把这部电影看完。

可控的恐惧感带来快乐

　　然而，休谟还是在两个问题上犯了错。第一个属于小问题，与他所谓的"发泄自己的悲伤"有关。它关注的是悲伤情绪的表达，这是由亚里士多德提出并由弗洛伊德扩展的"净化理论"的一个版本所主张的。根据该理论，存在着一种净化过程：当我们体验到恐惧、焦虑和悲伤时，这些情绪就得到了释放，随后我们就会感到平静和获得了净化。这是一种广为流行的理论，解释了为什么我们会喜欢负面的虚构故事：我们是为了在负面体验结束后获得积极体验，这属于一种"认知净化"（cognitive enema）。

　　这种理论并非无稽之谈。有些人确实声称，大哭一场之后有一种放松感。但一般而言，体验负面情绪会产生"净化"效应，是一种错误的理论。很多看完极为恐怖的电影的人仍会感到战栗，或许紧接着还会开着灯睡觉。对恐怖电影爱好者所做的一项调查[27]显示，大多数人认为，他们在电影结束后感到更害怕了；只有5%的人认为没那么害怕了。在所有已经被证伪的心理学理论中，"净化理论"是最不可能翻案的理论。

　　然而，更大的问题来自休谟看待"无法解释的快乐"这一谜题的方式。在他看来，这是一个关于某些类型的虚构故事的谜题，也是它被称为"悲剧悖论"的原因。

　　这也是一个广为流传的理论，有着漫长而著名的历史。在搁置对艺术问题的探讨之后，亚里士多德继续写道："看到某些真实的事物[28]会让我们感到痛苦，但我们能欣赏对这些事物的描摹，无论是我们厌恶的动物还是动物尸体。"这表明，我们会欣赏某些模仿之物，而非真实的事物。在其《诗人传》（*The Lives of the Poets*）中，塞缪尔·约翰逊写道："观看悲剧的快乐[29]来自我们对虚构故事的有意识的慎思，如果我们知道谋杀者和背叛者是真实的人，这个故事就不那么令人愉快了。"这表明，我们能从虚构故事而非真实事件中获得快乐。

我认为这一理论是错误的。莎士比亚的悲剧准确描述了发生在现实世界的事件，其中交织着性、爱、家庭和社会地位等元素，而这些也是人们最感兴趣的。我还记得观看辛普森案件审判时那种让人着迷的体验，显然，这一案件的真实性一点儿没削弱它的受关注度以及随后制作的相关纪录片和影视剧的吸引力。戴安娜王妃的去世之所以牵动人心，是因为它真实发生了。如果一部回忆录的内容被发现是虚构的，它的销量就会下降，而非上升。听说一个悲剧故事曾经真实发生，并不会削弱悲剧带来的力量。

或者，让我们再仔细审视一番亚里士多德的话吧。他认为，相比令人快乐的模拟之物，负面的现实会"让我们感到痛苦"。如果亚里士多德有过我和我儿子不久前的一次经历，他也许会重新考量自己的观点。当时，我们要赶时间去看一部电影，结果在 I-95 高速公路上发生了一起严重的车祸，车辆逐渐排起了长队，因为人们会减慢车速，好奇地看一眼事故现场的状况。我们坐在车上，恼怒于人们对这种事情还抱有残忍的好奇。然而，当我们的车开到现场时，我们也放慢了车速，看了个清楚：哦，天哪，看看那些碎玻璃吧，那是受害者流出来的血吗？后来，在开车去上班的路上，我注意到街角有一个老式的投硬币的卖报箱，我看到报纸标题上写着"可怕的细节"，立即写了一条备忘录，提醒自己稍后去看这篇报道，因为我真的很想知道有关那次车祸的更多细节。我们再以柏拉图的《理想国》为例：苏格拉底曾讲述过发生在勒翁提俄斯（Leontius）身上的故事，他走在雅典的大街上，看到一堆刚被执行了死刑的人的尸体。他想要观看这些尸体，却又转过头去，内心挣扎不已。最终，他走到尸体面前，对自己的眼睛说道："你自己看吧，你这可恶的坏蛋，用美妙的景致填满你自己吧！"[30]

休谟认为，只有在我们认为我们遇到的事件并非真实发生时，我们才会欣赏负面情绪。这种看法是错误的。然而，想象力仍是一种特殊的能力，能让我们欣赏负面情绪，这是因为想象是一种相对安全的行为。

毕竟，出于我们尚未能解释的原因，我们或许能够开心地体验小镇上有一个谋杀犯的感觉，但出于显见的原因，我绝不希望有一个谋杀犯真的出现在我所居住的小镇。正如埃德蒙·伯克（Edmund Burke）所说："**当恐惧真正笼罩你的可能性很低时，恐惧就是一种能够带来快乐的情感。**"[31] 同样，如果我们偷听一段真实的对话，我们就得冒着被发现和让自己尴尬的风险；真正的性行为可能导致怀孕、生病，或者造成生理和心理上的伤害。一般而言，虚构故事能让我们以较低的风险获得快乐，毕竟，没人会因为观看电影《绝命海拔》（Everest）而被冻死。在这方面，诸如历史文献、新闻报道、纪录片之类的非虚构作品跟虚构故事是有共同点的。

虚构故事能以不同的方式带给人们安全感，这可以让人们主动掌控体验哪一种负面情感。近 10 多年来，这一点变得尤为真切，因为技术的进步为我们提供了几乎无穷的选择。我的一个朋友最近就在社交媒体上让她的粉丝们向她推荐一部能帮助她入睡的电视剧，她写道："我喜欢看女性题材的电视剧，不喜欢看暴力或胡编乱造的电视剧，并且还不能太低俗。"我们有了挑三拣四的资本。

有些人会把这种掌控权推到极致。我以前的一个学生珍妮弗·巴恩斯（Jennifer Barnes）专门研究过言情小说，她指出，有些系列小说会专门迎合读者的特定口味 [32]。这些小说有严格的情节套路，比如，一个共同的主题就是"保姆和亿万富翁"。你可以想象这类小说的套路：小说中会发生哪些故事是有着严格规定的，读者一本接一本地读，但情节几乎完全相同。电影续集不断重复着首集的情节，带给人们相似的观感，只有一些细微的改动，《虎胆龙威 2》（*Die Hard 2*）或者《生死时速 2》（*Speed 2*）正是如此。

如果你真的想要避开惊喜，最好的办法就是反复读一个故事。赫拉克利特曾说过，你不可能两次踏入同一条河流。然而，如果河流是虚构故事，你就可以无数次进入其中。对小孩而言，反复阅读同一个故事尤其会让他们体会到一种充满安全感的快乐。

无论是在虚构故事还是在现实中，为了理解负面故事，你需要保持一定的距离，既不太近，也不太远。你需要让自己在其中沉浸得足够深，才能感受到焦虑、痴迷和恐惧；你需要关心安娜·卡列尼娜、狄更斯笔下的小杜丽、《权力的游戏》中的内德·斯塔克、《哈利·波特》中的家养小精灵多比，但如果你觉得虚构故事的情节哪里不对劲，那么你还需要理解这些虚构人物都不是真实的存在，因此共情、痛苦和关心都不会盖过你从阅读中获得的快乐。在这里，我们就碰到了"金发姑娘原则"（Goldilocks principle），人们也称之为"甜蜜点"。

　　孩子不擅长保持距离，因此他们对恐惧感的忍受度低于成人。有一个出色的实验指明了这一点。心理学家让 4～6 岁的孩子想象有个盒子里装着魔鬼[33]。随后，孩子们通常会拒绝将自己的手指放进盒子。这倒不是因为他们不知道里面有没有魔鬼，他们很清楚这是一种想象游戏，而是因为他们无法将想象的事物与真实的事物区分开来。你不用做研究也会明白，恐怖电影会让孩子们做噩梦。

　　事实上，我敢打赌，同样的实验能以更微妙的方式作用于成人。如果你向成人出示两个盒子，一个是"魔鬼盒"（请他们"想象盒子里的魔鬼喜欢吃手指，会立刻把手指吃掉"），另一个是普通的盒子（请他们"看看这个空盒子"），然后让他们将双手放进两个盒子里，我预测在把手放进"魔鬼盒"之前，他们会犹豫几秒钟。

　　我之所以相信这一点，部分是因为罗津的研究发现：人们通常会拒绝食用全新便盆盛的汤[34]；拒绝吃粪便状的软糖；或者拒绝把没有子弹的枪对着自己的头，并扣动扳机。

　　正如塔马·詹德勒（Tamar Gendler）所指出的，大脑同时以两种模式运作[35]。我们很清楚地知道，便盆是干净的，软糖就是软糖，枪中没有子弹，然而我们还是无法将想象与现实区分开来，我们的大脑尖叫着："那是危险 / 恶心的东西！离远点！"

英雄之旅，揭示我们生活中的欲望

我们已经对休谟看待"无法解释的快乐"这一谜题的方式做了大量探讨，但我们还没有回答为什么我们喜欢这类负面体验。虚构故事中的痛苦到底有怎样的吸引力呢？

首先，让我们再次回想一下前一章探讨的良性受虐理论。它提出，我们能从对比或者反差中获得快乐，比如，通过创造场景，让不愉快的情绪得以释放，这本身就是快乐的源泉。想想自己慢慢进入热水把人烫得发痛的浴缸，然后逐渐适应温度，从而体会与最初疼痛感形成反差的舒爽。或者，想想吃辛辣食物的时候喝冰啤酒的场景。又或者，想想剧烈运动时的酸痛感以及运动结束后的那种良好感受。

很多故事都是这么写的：刚开始主人公会经历痛苦，最终困境会成为胜利的铺路石。我在前文讲到了一个有关复仇的故事，里面提到人们熬过了一些不公的时日，后来通过复仇获得了满足感。电影《虎胆追凶》（*Death Wish*）2018 年翻拍版的宣传语就道出了同样的意思："他们洗劫了他的家庭，现在他要为家庭复仇。"前面一句话描述了负面事件，而后面一句话描述了正面事件。由坏到好是如《勇敢的小火车头》（*The Little Engine That Could*）之类的儿童故事的惯用写法，故事一开始的挣扎（"我想我能做到，我想我能做到"）让结尾的胜利（"我就知道我能做到！我就知道我能做到！"）变得更鼓舞人心。

这种故事结构很常见。戴维·鲁滨逊（David Robinson）分析了从维基百科、书籍、电影、视频游戏、电视剧中选取的 11.2 万个故事[36]。他对这一数据库做了一系列分析，包括考察文本内容正面性和负面性的"情感分析"（sentiment analysis）。总体而言，这些故事的模式是，境况从高点开始，然后逐渐滑落，内容变得越来越消极，然而在故事结束之前，内容又会迅速回到积极状态。正如鲁滨逊所说："如果我们不得不总结人类故事的一般特征，那么结论就是，'事态在最后一分钟变得更好之前，会变得越来越糟'。"

我们从一个负面故事中获得快乐，即使是其令人不快的部分也如此，这一理论存在问题吗？毕竟根据前述研究以及常识，眼泪和恐惧是故事吸引力的一部分，而非我们为了在故事结局体验到快乐而不得不承受的痛苦。

并不尽然。正如我们之前探讨过的，在更普遍意义上的良性受虐情景中，存在着由预期带来的快乐。我们知道，这是一个故事；我们也知道，这个故事将如何展开，或者至少知道通常会如何展开，因此故事开篇出现的挣扎是与预期中的快乐交织在一起的。即便在看到电影《虎胆追凶》中"他们洗劫了他的家庭"的部分，我们也知道，紧接着"他要为家庭复仇"，而这一预期改变了我们的体验。这是虚拟故事与真实世界的一个重要区别。除非一个人真的相信存在一个仁慈有爱的上帝，否则我们都明白，真实的人生是没有编剧和导演的。因此，当我们遭遇困境时，我们不确信最终一定会走出困境。

我对这种由坏到好的解释抱有怀疑态度。首先，并非所有故事都具有这种结构。我们对很多故事加以分析后发现，在引人入胜的叙述中，还有其他方式可以在好与坏之间实现平衡。为了证明这一点，另一项研究考察了数千部小说，分析了随着故事的展开，小说中有哪些情感内容，最后指出，所有故事可以归为 6 个主要类别[37]，只有某些类别是以喜剧收尾的：

- 从穷人到富人（扬）；
- 从富人到穷人（抑）；
- 洞中人（先抑后扬）；
- 伊卡洛斯（先扬后抑）；
- 灰姑娘（先扬后抑再扬）；
- 俄狄浦斯（先抑后扬再抑）。

这些类别同样适用于负面的虚构故事。是的，有很多恐怖电影以坏蛋被杀而告终，但还有很多并非如此。以悲剧结尾不正是我们对悲剧的定义吗？任何能够很好地解释人们为何喜欢负面的虚构故事的理论都不能仅仅诉诸"为获得快乐而付出代价"的解释模型。

事实上，我甚至不认为由坏到好是正确的解释，即使针对的是"洞中人"故事。可以想想，我们先看到一些糟糕的事件发生了，然后又看到了一些不相关的糟糕事件，接着看到了一些更糟糕的事件，最后看到了一些不相关的积极事件。现在，你看到的故事实际上包含了一个从糟糕到更糟糕再到变好的过程，或者说，情况变得越来越糟，直到最后一分钟才变得更好。但我不相信这类故事会有吸引力。

相反，"洞中人"故事之所以有吸引力，是因为它讲述了某种特定类型的故事，关于克服困难的故事。这类故事具有吸引力的看法不新奇，它是约瑟夫·坎贝尔①（Joseph Campbell）故事理论的核心所在，也就是他所谓的"英雄之旅"。它也是克里斯托弗·布克（Christopher Booker）概括的故事的7种基本情节中的一种，它对以认知科学方法研究文学共性[38]而言至关重要，尤其体现在帕特里克·克姆·霍根（Patrick Colm Hogan）的著作中。在亚里士多德的《诗学》中，它构成了悲剧创作指南的一部分。它属于创作剧本要掌握的基本原则。在关于这一主题的一门在线课程中，编剧阿伦·索金（Aaron Sorkin）提到，编写故事最根本、最基础的一个原则就是要呈现出令人生畏的困境[39]。

在一篇题为《不确定性缺失的悬念》（Suspense on the Absence of Uncertainty）的出色文章中，理查德·格里格（Richard Gerrig）指出，即便人们知道结果[40]，比如，乔治·华盛顿当选总统，或者美国在第二次世界大战期间成功研制出原子弹，只要克服困难还存在不确定性，作者仍然可以制造悬念。正是各种各样的困境让故事引人入胜，为人们提供了快乐的源泉。

对困境的强调解释了为什么人们并不一定希望看到圆满的结局。让英雄获得胜利能给人们带来快乐，但这并不是关键所在。是的，"洞中人"故事以主人公最终爬出洞口结束，但其实可以不用这种方式结尾。以我的浅见，史上最伟大的两部竞技运动类电影分别是《洛奇》（Rocky）和《胜利之光》（Friday Night Lights），它们的结局都不圆满。

---

① 坎贝尔是神话学大师、拯救人类心灵的哲学家与心理学家。他的神话系列作品《神话的力量》《千面英雄》《英雄之旅》《千面女神》《追随直觉之路》的中文简体字版已由湛庐策划，分别由浙江人民出版社、北京联合出版公司出版。——编者注

还有很多伟大的战争片，以及"疾速追杀"（*John Wick*）系列电影也是如此。人们高估了结局圆满的重要性。

对困境的强调还解释了为什么我们喜欢的如此多的故事都有负面情节。困境会阻碍你得到想要的东西，但在故事中，困境可能是温和的，甚至是有趣的。比如，在一部浪漫喜剧片中，一对情侣试图无视蛮横父母的阻挠，一定要成为眷属。或者，一本童书中的火车真的想要做到翻山越岭。不过，前述故事与一个被活埋的人试图逃脱的故事之间只存在程度上的差异。在所有这些故事中，都有某种程度的焦虑和压力。没有它们，故事就没有戏剧张力，也会让人觉得无趣。

对困境的关注清晰地表明，负面的虚构故事的吸引力与真实生活中吸引我们的东西有关。在现实生活中，我们会遇到充满困难和挑战的工作，必须克服它们才能取得成果。这是人生意义的重要来源，我们将在后文探讨这个话题。

借由想象和虚构，
为现实中的困境提供精神指南

关于我们为什么喜欢负面的虚构故事，还有第二种理论，它与玩耍有关。

若任由孩子们选择，他们都会选择嬉戏玩耍。他们会假扮成飞机，或者假装举办品茶会，或者假装开战，或者只是扭打、赛跑、互相撞击。诸如猫猫狗狗之类的其他动物也会玩耍，有时候还很暴力，或者欺负比它们个子更小的不幸的动物。成年人也喜欢玩，比如在健身房、柔道馆、体育场和竞技场的运动，虽然我们通常不认为这是在玩。

一种常见的理论认为，玩耍反映了一种练习的动机[41]。打架就是绝佳的例子。擅长打架是有用的，而让自己变得更擅长此事的一种方式是多打。但是真刀真枪地打架很危险，你可能会被打败，甚至严重受伤；你也可能把别人打败，让别人受伤。人类已经进化出了一种很好的解决方案：我们能以玩耍的方式打架。我们可以找到我们喜欢和信任的人，跟他们演练打架的动作，不断提升自己的水平，但事先要立好各种规矩，避免有人受伤。现代人能在玩耍中建立规则，比如，不许咬人，不许击打腰部以下的位置，当对方倒下或是敲地认输，或是喊出"叔叔"代表认输，不许踢人。此外，我们还会使用一些特殊工具，比如手套、头盔和牙套。

某件事做得越多，就越擅长，因此我们会以安全的方式让自己痴迷于做那些对身体、社交和情绪有挑战的事情。想让自己更擅长操控飞机起飞和着陆吗？你可以拿一架真飞机来练习，但更安全和明智的做法是在飞行模拟器上练习上百次。当然，你需要的不是让飞行模拟器来帮你顺利完成飞行任务，而是用它为飞行中可能会遇到的各种麻烦做好应对准备。想象力就是一个飞行模拟器。

就像打架游戏会把自己置身于一个如果真刀真枪地打就会让自己面临危险的境地一样，如果我们在现实中会处于不舒服、有时甚至是可怕的境地，那么想象式的玩耍通常也会使我们进入这样的境地。斯蒂芬·金对此做了很好的总结："我们编造出想象式的恐怖，以帮助我们应对真正的恐怖。"这是"应对难题的聪明办法"[42]。因此我们喜欢悲剧作品和恐怖电影，因为它们是对最糟糕场景的想象式表征，比如，受到陌生人攻击、受到朋友背叛，或者经历我们所爱之人的去世。

不过，杰瑞·福多尔（Jerry Fodor）对这种观点提出了一个著名的批驳。他引用了平克为想象虚构世界的适应性功能进行辩护的话："虚构叙事为我们提供了面临致命难题时的精神指南，也为我们提供了在应对这些难题时所使用的各种策略的不同结果。如果我怀疑我的叔叔杀害了我的父亲，僭越了身份娶了我母亲，我该如何应对呢？"福多尔的回答是：

> 这是个好问题。假如我绑架了一个侏儒，从他那里抢了一枚戒指，然后把戒指交给一群巨人，作为他们为我修建新城堡的酬劳。然而，后来我发现，这个戒指正是我保持长生不老和持续统治世界所需要的东西。这时我该怎么办？尽快想出各种应对方案是至关重要的，因为类似这样的事情会发生在任何人身上，保险买再多也不为过啊。[43]

我姑且斗胆解释一下这个笑话，福多尔想表达的意思是，虚构的情景通常不同于我们在真实生活中遇到的问题。如果情况真如福多尔所言，那么练习理论就不成立。

福多尔的看法是正确的吗？事实上，负面的虚构故事所涉及的主题似乎正好与我们的真实生活密切相关，也同样会令人感到深深的忧虑。我将在这里重复之前引用过的麦克尤恩的话："（人类与倭黑猩猩一样）既会缔结也会瓦解联盟；有些个体会成功，而有些个体会失败；都有策划阴谋的能力；懂得复仇、感恩、虽败犹荣；都有成功和不成功的求爱；都会丧亲和哀悼。"这些都是虚构故事所要表现的主题，难道它们不正好也是我们在现实生活中需要担忧的事情吗？

不过，我们该如何看待那个有魔力的戒指呢？当福多尔认为那样的想象并不那么现实时，他的看法是对的。但事实上，普世的、相关的主题能以不同寻常的、想象的方式表达出来。福多尔是一个超级歌剧迷，他举的例子总结了瓦格纳的歌剧《莱茵的黄金》（*Das Rheingold*）的情节，对此，我没有能力进行深入探讨。但我可以拿我熟悉的恐怖电影举例。恐怖电影中的虚构场景真的是练习理论的反例吗？认为我们需要为发生僵尸灾难做好准备的确是挺蠢的，但这只是从字面意义上去理解虚构场景，要知道，僵尸电影的主题从来都与僵尸无关。相反，这类电影往往能提醒我们应该感到担忧的现实问题，比如，如果社会崩溃以及世界末日来临，我们该怎么办。几乎没有例外，僵尸电影中真正的危险不在于僵尸，而在于他人。

事实上，如果想象的内容适用于练习，模仿就是你练习的重要组成部分，因为练习通常意味着去掉了想象内容中一些不相关的因素。然而，这并不是说你一定要针对你希望擅长的事情进行练习。比如，拳击手会花时间去打击速度球，这种练习与在比赛台上打拳击没有直接关系，即便作为模拟训练，它也是不完备的，因为速度球不会像对手一样做出反击。然而，它对拳击手而言却是一种有用的练习。

　　我之前说过，我们使用想象力来获得快乐，这是一种偶然的进化现象，而非适应现象。但这里谈及的例子是个例外。将想象力作为一种练习的手段，是一种适应主义理论，它假定了我们对负面虚构故事的喜爱部分源于我们对玩耍和练习的欲望，这种欲望的存在是因为它给我们的祖先带来了益处，我们也爱上了负面的虚构故事。**那些能够想象糟糕场景并提前做好应对准备的人，更容易在今后的生存竞争中胜出。**

　　截至目前，我们已经探讨了负面想象之物的适应价值。那么想象令人快乐之物又会如何呢？

科学实验室 ————————————————————　　THE SWEET SPOT

　　加布里埃尔·厄廷根（Gabriele Oettingen）及其同事所做的大量研究表明，积极想象（positive fantasies）通常对人们是不利的。其中一项研究考察了即将在第二天接受髋关节置换的患者，并让他们简单想象，当两周后他们可以做各种事情，比如走路去拿报纸时，会是什么样子。结果，患者的想象越乐观，随后的恢复状况就越差。在另一项研究中，有暗恋对象的大学生被试被要求想象未来对暗恋对象有了更多了解的场景。结果，想象更正面的被试几个月后与暗恋对象在一起的可能性更低。在其他研究中，对某一课程抱有越乐观想象的学生，其考试分数越低；对得到某份工作抱有更乐观态度的求职者不仅随后更有可能得不到那份工作，即便得到了，薪水也会更低。

　　我们尚不清楚为什么积极想象对人们不利[44]，而积极预期

（positive expectations）则没有类似的负面效应。厄廷根提出
的一个假说是，积极想象让你分了心，不再追求你真正想要实
现的目标，积极想象成了替代品：如果你已经从想象中获得了
足够的快乐，你就不必花费大量精力追求真正的目标了，而一
般来讲，想象失败和困难就不存在这样的问题。

截至目前，我们已经探讨了负面的虚构故事之所以具有吸引力的
两种解释。第一种是，这类故事用困境引发了我们的兴趣，反映了在
真实世界中是什么东西让我们最感兴趣。第二种是，这类故事提供了
一种想象式玩耍的方式，能让我们以安全的方式探索危险且困难的
场景。

出色的故事，彰显合作型社会所需的美德

关于为什么我们喜欢负面的虚构故事的第三种也是最后一种解释
与道德有关。我们喜欢明辨善恶，而出色的故事往往会打动我们的道
德天性。

讲述一个道德故事需要提到令人不快的内容。至少，为了看到圆
满的结局，你需要在故事中见证糟糕的事件。在有些故事中，这可能
会是没有道德之恶的痛苦，比如，一个幼儿掉进了一口井，最后被救
援者救出。而在其他故事中，它会是道德之恶的副产品——痛苦，比
如，一位少女被大胡子坏蛋绑在火车轨道上，最后被我们的英雄拯救

了。这两个例子都能让我们回想起之前探讨过的论点：在看到主角脱离困境之后，人们能够获得快乐。但道德之恶的存在为故事增添了特别的东西，它提高了复仇的概率。

当我们思考复仇的吸引力时，我们很容易想到像克林特·伊斯特伍德（Clint Eastwood）的电影那样的娱乐作品。事实上，复仇故事以及更一般的正邪冲突经常以极端和夸张的方式得到呈现。漫画书就是这方面的一个例子。戴维·皮萨罗（David Pizarro）和鲍迈斯特指出，在超级英雄漫画与另一种夸张而不现实的模仿之间存在着一种类比："就如同人们在色情片中发现的那种夸张的、漫画式性行为的吸引力，超级英雄漫画也具有夸张的、漫画式道德行为[45]的吸引力，而这种道德行为满足了人们天生的道德感。"

不过，有些道德故事则非常复杂，以对道德行为更深刻的洞见来为我们提供哲思和娱乐，比如，故事中没人会真的把自己看作坏人。还有些故事则表明，好与坏何以在同一个人身上体现，好心何以办坏事，复仇何以未遂，等等。举个例子，科恩兄弟的电影中经常会有无法遏止的暴力，甚至是打着道德旗号从事的暴力活动，比如，在电影《血迷宫》（*Blood Simple*）、《冰血暴》（*Fargo*）和《老无所依》（*No Country for Old Men*）中，我们看到精心策划的行动方案经常以恐怖、有时是好笑的方式被执行。

与此同时，即便是最有品位的虚构故事也会让我们体验到因果报应带来的原始满足感。我们喜欢看到坏人得到应有的报应。你可能不需要借助神经科学就能明白这一点，但出于解释完备性的考虑，我还是要指出：当一个人受到公正对待时，与快乐和奖赏有关的脑区[46]

会变得活跃；当一个人受到不公正对待时，与疼痛有关的脑区会被激活；此外，即便坏人犯的错误不影响你或者你关心的人，当他们得到报应时，你还是会感到开心。

这种快乐根植于合理的进化逻辑[47]：如果我们不倾向于惩罚或排斥坏人，成为一锅汤中的一粒老鼠屎就不会有任何代价，合作社会就不会出现。当事关报复和复仇的欲望时，这一逻辑甚至更加有效：如果你不阻止他人欺负你以及你爱的人，你就会成为无德之人和精神变态者的最佳猎物。

因此，毫不奇怪的是，复仇是很有吸引力的故事主题，像《哈姆雷特》《伊利亚特》之类的古典名著，像《虎胆追凶》之类的电影，以及像《复仇》（Revenge）之类的电视剧都与复仇有关。我书架上有两本书，总结了最常见的文学母题，一本叫《复仇悲剧》（Revenge Tragedy），一本叫《因果报应》（Comeuppance）。

我已经探讨了道德谴责带来的快乐，但还有一种更温和的力量，即道德良善带来的快乐。人们会喜欢、赞美、敬畏英雄，也会通过想象自己是一名英雄而获得间接的快乐。不过，有趣的是，这种快乐似乎比因果报应带来的快乐更温和，也许这是因为我们需要进化出应对坏人的策略，却无须经受以同样的压力进化出有关审视、赞美、以施善为乐的策略。心理学中常见的现象是，消极事物的吸引力比积极事物的吸引力更强[48]。这也是为什么有正邪冲突的故事比只有好人而没有坏人的故事更好看。我认为，如果"蝙蝠侠"系列电影中的亿万富翁布鲁斯·韦恩将他大量的资源用于在哥谭市修建更好的房子和基础设施，而非用于打击坏人，该电影就不会那么受欢迎。英雄固然值得称道，但我们也需要坏人。

再次强调，从虚构故事中获得的快乐也是我们希望从现实生活中获得的快乐，即我们希望看到正义得到彰显。就在我写作本书时，网上刚刚曝出一位名叫阿伦·施洛斯伯格（Aaron Schlossberg）的纽约律师的视频，他在曼哈顿的熟食店以咆哮的语气对着讲西班牙语的服务员发表了一通种族歧视言论，要求他们讲英语，并扬言给移民局打电话，将他们驱逐出境。人们愤怒了：很多记者在大街上追着施洛斯伯格发问；一支墨西哥街头乐队在他的公寓楼门前演奏；他被所在的律所开除；他恳求原谅的道歉受到人们嘲讽。

我知道很多人会为这些行为辩护，认为羞辱对阻止丑陋的种族歧视行为而言是有必要的，因此，尽管有一些不情愿，人们还是这么做了。如果你看看网上的帖子，或者看看那些在纽约街头抗议施洛斯伯格的人群的表情，你会看到满脸的喜悦，尽管抗议者中有很多属于进步派人士，一贯鲜明反对复仇的冲动。显然，人们喜欢看到施洛斯伯格"罪有应得"。

这与发生在理查德·斯潘塞（Richard Spencer）身上的事件类似。斯潘塞是著名的白人至上主义者和另类右翼运动的领导人，有一次在华盛顿特区接受采访时，他的脑袋挨了抗议者的拳头。对很多人而言，这种事情再美妙不过了。我看到有些网友发布了斯潘塞挨揍的视频，还配了乐曲。

你也许已经看出来了，我对这种做法是有些反感的。是的，我反对公开羞辱和肢体攻击，哪怕对象是极为卑劣之人。抛开更一般层面上的道德问题不谈，我反感的一个原因在于，羞辱者和攻击者经常把报复对象搞错，或者把事情的原委搞错。乔恩·罗森（Jon Ronson）的书《千夫所指》（*So You've Been Publicly Shamed*）提供了关于这方面的诸多案例[49]。即便人们把事情原委搞清楚了，他们也可能会过度报复。我曾与我的耶鲁大学研究生马修·乔丹（Matthew Jordan）探讨过这个问题，认为对个人错误所做出的群体反应[50]，尤其是在社交媒体上的反应，通常是过度的。人们很喜欢在网上嘲讽某人，这看上去是件微不足道的事，但如果这样的帖子数以千计，它对一个人的心理伤害就很严重了。

我不想在这里继续展开讨论，只是想提醒诸位，现实生活中的因果报应给我们带来的快乐有多大。我的一个朋友是一名进化心理学家，喜欢问周围的人这样一个问题：是否曾希望自己熟识的某个人去死。后来，我也开始问周围的人这个问题，很多人都给出了肯定的回答。如果我问人们是否曾希望自己熟识的某个人遭受痛苦，给出肯定回答的人会更多。人们通常希望自己讨厌的人遭受痛苦，也希望那个人知道他遭受痛苦的原因，希望正义得到彰显，甚至希望目睹正义得到彰显。在《公主新娘》（*The Princess Bride*）这部电影中，主人公伊尼戈·蒙托亚（Inigo Montoya）杀害了谋杀他父亲的那个人，但这还不够，他还在动手之前对那个人说了一番话："你好，我叫伊尼戈·蒙托亚，你杀了我父亲，现在你准备去死吧！"

在提及希望在虚构故事和现实生活中看到什么事件发生时，人们表现出了不同强度的复仇动机。很多人会时常希望杀害那些他们认为曾经伤害过他们或者他们所爱之人的人，而且经常因为一些在别人看来属于鸡毛蒜皮的事情而产生这种想法。有些人的想法则没那么血腥，但仍有复仇的愿望。我在耶鲁大学的一个学生曾告诉我，她从来没希望哪个人去死，或者希望任何人遭受痛苦。然而，事实并非如此。她后来对我坦陈，她曾经因为想象某些人遭受了某种痛苦而感到快乐。

对于人们喜欢负面的虚构故事的第三种解释是，我们喜欢道德良善的行为，尤其喜欢因果报应。于是，在虚构故事中，坏人所造成的痛苦是一种必要之恶，它为令人快乐的复仇埋下了伏笔。

不过，负面的虚构故事还有另一种吸引力。人们发现邪恶具有迷人的一面。每个人都知道《失乐园》（*Paradise Lost*）中最有趣的人物是撒旦，一种我们经常听到的说法是，作者给撒旦写的台词是最出彩的。此外，谁也不会怀疑，在"蝙蝠侠"系列电影中，反派人物小丑比蝙蝠侠更引人入胜；悬疑小说中的虚构人物汉尼拔·莱克特（Hannibal Lecter）比克拉丽斯·斯塔林（Clarice Starling）有魅力得多。甚至我们这个时代的英雄都有一些非英雄的特征，比如，曾经是罪犯或流氓，有着不堪回首的往昔。

这些角色之所以有吸引力，存在多种解释，但我认为其中最主要的原因在于，有些人的确会偶尔希望拥有支配权和控制权，希望让人生畏，希望得到自己想要的。我们也许会通过想象来满足这些幻想，并从中获得快乐。谁不会偶尔嫉妒一下精神病患者，希望自己也不受负罪感、羞耻感和焦虑感的羁绊呢？有些类型的虚构故事是通过让坏人更有吸引力，比如更有魅力、更有趣味，来满足人们这方面欲求的。但即便不这么做，邪恶本身也是有吸引力的，而这也正是虚构故事的另一种魅力，其中有坏事发生，有人物受罪。

THE SWEET SPOT

第 4 章

艰辛的努力，带来更扎实的快乐

- 一个人的努力程度可以通过前扣带回皮质的活跃程度体现，而后者通常会对令人厌恶和不快的行为做出反应。

- 出现精疲力竭的情况并不是说你的能量在减少，而是说你的机会成本在增加。

- 人们往往很难在无目的的任务上维系应有的努力程度，尤其这些任务难度很大或者令人厌恶时。

THE SWEET SPOT ———————————————

你需要支付多少钱[1]，才能让人们愿意参与令人尴尬、痛苦或不道德的行为呢？

这是我最喜欢的一篇科学论文所探讨的核心问题。该论文是心理学家爱德华·桑代克（Edward Thorndike）于 20 世纪 30 年代写就的，标题为《某些疼痛、匮乏和沮丧的价值》（Valuations of Certain Pains, Deprivations, and Frustrations）。如今的心理学家倾向于把那个年代的心理学研究视为由一群不幸的、满脸胡子的、严厉的老头所完成的技术性工作，但只要看看这篇论文，你就会明白它极具价值。

这项研究很简单。桑代克列了一张很长的清单，上面全是令人不愉快的行为，然后询问由他的学生、心理学系的老师以及年轻的失业者所组成的被试：他们要得到多少钱才愿意做这些事。

桑代克没有告诉我们，他为什么要做这项研究。他没有提出特定的假说，也没有寄希望能解决实际问题。他只是认为，这是一个有趣的问题，而且每个人都会觉得有趣。在文章一开篇他就提到，他想知道人们如何看待"负效用"（disutilities），如"疼痛、不适、匮乏、堕落、沮丧、束缚，以及其他不受欢迎的境况"。他还提到，这一问题"显然很重要"，紧接着他就开始讲述相关研究。

桑代克是一位老派的经验主义科学家，他认为研究这个问题的最佳方式是通过实验和观察。不过，随后他又补充说，向被试提出与金钱有关的问题"绝非没有价值，如果这种方法使用恰当的话"。他当时还不知道，让被试给事物定价以后会成为社会心理学、行为经济学以及其他心理学分支的常见做法。毕竟，知道人们对 X 评价不高是一回事，知道人们对 Y 评价不高则是另一回事，通常你还需要将人们对 X 和 Y 的评价进行比较。让你的被试给 X 和 Y 定价是做出这种比较的一种绝佳方式，我们也可以将给出定价理解为，他们愿意支付多少钱得到或者避免得到 X 或 Y。

桑代克只是让被试给出假想的金额，而不是真实发生交易。有些行为经济学家因此声称，从实证效度来讲，这种方法并不完美，因为人们认为自己愿意支付多少钱与真实支付多少钱完全不是一回事。但真实支付的成本太高，正如你将看到的，它不适用于桑代克所要研究的那些情景。桑代克只是想进行心理学研究，而非真想付给被试金钱去完成令人不愉快的任务。

科学实验室 ——————————————————————— THE SWEET SPOT

桑代克研究的情景包括身体疼痛和伤害（将一颗上门牙拔掉）、对其他事物的破坏（将一只流浪猫扼死）、对余生施加限制（余生必须生活在俄罗斯）、对死后的人生施加限制（失去对死后人生的所有希望）。还有一些情景属于令人恶心的行为（吃掉 1/4 磅①没有煮过的腐肉）、禁忌行为（对着你母亲的相片吐口水）、令人尴尬的行为——有些行为具有时代印记（中午身着晚礼服、不戴帽子从百老汇第 120 号街走到第 80 号街）。

我曾在《善恶之源》②中用过这项研究所得出的结论，来阐明我们这个时代的心理学的一个重要观点[2]。当桑代克问被试，给他们多少钱他们才会扼死一只猫时，被试回答的平均金额为 1 万美元，大约相当于今天的 18.5 万美元。这可是一大笔钱，是被试为拔掉自己的门牙所愿意支付金额的两倍。相比用自己的双手扼死一只猫，人们宁愿让自己忍受面部变形的痛苦！这种自我伤害与伤害他者之间的反差[3]近来已经得到我的同事莫莉·克罗克特（Molly Crockett）的进一步探讨。克罗克特使用了桑代克方法的改进版本，表明在某些特定环境下，人们宁愿自己受到电击，也不愿电击一个无辜之人。如果有人告诉你，人们只关心自己的福祉，这类研究就提供了初步的反驳证据。

我们可以使用桑代克的方法来探讨本章的核心主题——工作与努力。刚开始，我们提出的问题是，给你多少钱你才愿意从事如下行为？

花 1 个小时将家具从公寓搬到车上。

———————————

① 1 磅 ≈ 0.45 千克。——编者注

② 这是一本从科学的角度研究人类道德和人性本质的伟大著作。布卢姆将心理学、行为经济学、进化生物学和哲学的深刻思想熔为一炉，来探究我们应该如何超越先天道德的局限。该书中文简体字版已由湛庐策划、浙江人民出版社出版。——编者注

花 2 个小时将家具从公寓搬到车上。

这两种行为既不属于扼死猫的一类，也不属于拔掉牙那一类，但你很有可能希望得到更多的钱才会从事第二种行为。对专业搬家工人而言，这种选择是显而易见的。这或许反映了你的时间价值，然而，时间价值并不是让你做决定的唯一因素。再考虑如下两个选项：

花 1 个小时慢慢地将轻巧的家具搬到车上。
花 1 个小时慢慢地将沉重的家具搬到车上。

这两种工作花费的时间是相同的，但第二种更难，人们会希望为此得到更多的金钱回报。

是的，如果你把汽车送到修理厂，你就会为"零件和工时"付费，而不会对如下事实有哪怕一秒钟的质疑：修车耗费的工时越长，你需要支付的修理费越多。事实上，努力程度和经济成本之间有着如此密切的关系，以至于我们经常用经济术语来谈论日常生活中做出的努力 [4]：我们在某件事上投入（invest）努力，在做决定时费尽心力（labor），保持专注（pay attention），发现某些工作很辛苦（taxing），等等。

从字面上讲，努力是指人们在实现某个目标的过程中对心智或身体行为的强化 [5]。但上述简单的例子表明，努力是你让他人为你做事所必须支付的成本。这是因为人们通常不愿意付出努力，用桑代克那有点别扭的术语来讲，努力是一种"负效用"，跟尴尬、疼痛、道德禁忌行为属于同一类型。

随着时间推移，努力的难度和不适感会增加。人们在某项任务上耗费的第二个小时通常比第一个小时更令人难受，而第三个小时又比第二个小时更令人难受，直到无法忍受，人们就会放弃该任务。我们能够做那些需要不断付出努力的工作，直到努力得不能再努力为止。努力难度的增加不能归因于人们筋疲力尽。你可能很厌倦某项工作，却有足够的精力去与朋友共进晚餐或者与你的孩子玩耍。你并没有完全耗尽力气，只是厌倦了在某项特定工作上再付出努力。

努力是一种反本能行为

这里要多说一句，我知道前面提到的这些现象都很常见，但是不必为此感到困惑。虽然本书大部分内容探讨的是奇怪和出人意料的现象，但常见的现象也需要得到解释。物理学家不仅要解释黑洞和量子异常，还要解释为什么苹果会掉落，水变冷的时候会结成冰，而这些现象都是人人熟悉的。心理学家也一样需要解释常见的现象。1890年，威廉·詹姆斯（William James）对此曾说过一番很有见地的话[6]：

> 为什么只要看到沙发，人们就想躺在上面，而不是躺在地上？为什么人们会在冷天坐在壁炉旁？为什么人们在房间里有99%的概率会把脸面向房间的中间，而非墙壁？为什么人们喜欢吃羊里脊、喝香槟而非压缩饼干和沟中的死水？

他表示，我们大多数人通常都不会反思这类事情，但有的人会这么做：

> 简而言之，一旦问及人类为何按本能行事，就会显得很奇怪，正如英国近代哲学家乔治·贝克莱（George Berkeley）所说，仿佛理解其中原因会令心智堕落。若问形而上学者，这类问题就会变成：当我们开心时，为什么我们会微笑，而不是面露愁容？当我们面对公众演讲时，为什么我们不会像对一个朋友讲话时那么放松？

现在，让我们来扮演那些"心智堕落"的形而上学者。我们会吃羊里脊、喝香槟，并在这些普通而常见的行为显得奇怪之前尝试理解它们。

努力会消耗身心[7]。艰辛劳作的人会提到焦虑、压力和沮丧，这些都是负面的体验。如果你在实验室中让被试完成困难的任务，通常被试的血压会升高，身体会流汗，瞳孔会放大，这些反应都与我们不喜欢的行为有关。努力还与某种面部表情有关，而这种表情会让眼睛附近上皱眉肌收缩，换句话说，当你工作时，你会不自觉地露出不开心的神情。**一个人的努力程度可以通过前扣带回皮质的活跃程度体现，而后者通常会对令人厌恶和不快的行为做出反应。**

非人类动物也不喜欢努力，尽管它们无法告诉我们它们的感受，无法回答桑代克的问题，也无法在工作的时候不自觉地皱眉。如果你搭建了一个迷宫，有两条路可以获得食物，一条容易，一条较难，老鼠会选择容易的那条路。如果猎食动物能轻易在 A 区域获得食物，在 B 区域却需要奋力一搏，你认为它们会选择去哪个区域？

基于对动物的研究，心理学家很早以前就提出了一个与努力有关的心理学原则，即"最小努力原则"（the law of least work）。它是指，在激励选项相近的情况下，包括人类在内的生物将回避那些需要付出更多努力的工作。

努力的成本会以各种可能的方式呈现出来。设想你要向某人示爱，而进化心理学家、动物行为学家和专栏作家都很清楚高成本示爱的价值所在。这种示爱信号很难作假，因为它只有在你既有资源又愿意承受成本的情况下才能发送出来（我们在前面讨论自我伤害时探讨了高代价信号）。有些批评者抱怨说，送婚戒既花钱又不实用，这笔钱不如省下来买房子。这种看法没能抓住这个问题的要害。婚戒的昂贵和无用正是其价值所在，因为这意味着人们在买它的时候原本是舍不得花这笔钱的。没人会说"因为我太爱你了，所以我要为你吃一个热巧克力圣代"，因为哪怕不是出于爱，对大多数人来说吃热巧克力圣代也不是什么难事。这就是高代价信号的反例。

人类求爱的高代价信号通常与金钱有关，但最终还是与牺牲有关，因此持续的努力的确会收到成效。我们可以看看英国乐队"普罗克莱门兄弟"（the Proclaimers）描写歌手爱之深的歌词：

可是，我要走 500 英里[①]，
并且，我还要再走 500 英里，

---

① 1 英里 ≈ 1.609 千米。——编者注

只为成为那个走完 1 000 英里，

刚好可以匍匐到你门前的男人。

努力，再努力！多么浪漫啊！我所收到的印象最深的礼物，是送礼者花了最多时间、付出了最大努力、做了最大牺牲得到或者创作的东西，它表达了送礼者对我的挚诚情谊。

当然，我不认为宣称要走 500 英里就足够打动爱人。光说是没用的，歌手只是在表态，而不是在行动。也许这正是乐队取名"宣告者"（Proclaimer 意为"宣告者"）的原因所在？

在解释他人的选择时，我们会默认最小努力原则。近来我喜欢喝日本威士忌，如果你看到我曾出现在我家街角的"弗兰克酒类专卖店"，你就会知道这一点。但如果弗兰克专卖店的日本威士忌卖完了，而购买这种日本威士忌要开车穿过城镇，我就会选择仍在这家店买苏格兰威士忌。你可以从这一例子中做出正确判断：比起苏格兰威士忌，我更喜欢喝日本威士忌，但又没有喜欢到非喝不可要为此付出额外努力的程度。**努力是有成本的，这种成本可以用来帮助我们理解他人的行为**[8]。

持续工作对谁来说都很难

截至目前，我们只探讨了身体上的努力：将东西搬来搬去；以步行或驾驶的方式穿越城镇。然而，精神行为也有令人很难应对的时候，当我们谈到努力时，我们通常不会区分身体和精神上的努力。

以下例子阐释了什么是精神努力。请记住数字 7。这很容易办到。现在，请记住从我少年时就一直在使用的手机号码：514-688-905×。让这个号码在脑海中停留 5 分钟。完成这个任务比之前困难很多，也许还会让你觉得有点痛苦，相当于在心理层面上将哑铃举过头顶。再举另一个例子：从 15 种口味的冰激凌中选一种，要比从 3 种口味中选一种更难。事实上，有很多关于"选择悖论"[9]的研究文献强调了与做出困难的选择有关的压力。

科学实验室 ———————————— THE SWEET SPOT

100 多年前，有一项心理学实验探索了精神努力的极限[10]。作为其博士论文（爱德华·桑代克是其论文导师）《精神疲劳》（*Mental Fatigue*）的一部分，新井鹤子对自己做了一系列让人感到疲乏的实验，包括用心算方式将两个四位数数字相乘。她耗时 4 天，每天 12 小时，持续不断地做这类心算题。新井鹤子发现，随着时间的推移，她越来越力不从心，并由此得出结论，"困难而又令人不快的持续工作会导致工作效率降低"。也就是说，心理努力也显示出了与生理努力一样的特征。

几十年后，另一组研究人员重做了新井鹤子的实验[11]，采用的方法有所不同，他们让其研究生做心算题。有三个学生经历了新井鹤子的痛苦过程，随着时间推移，他们的表现越来越差，尽管表现变差的程度小于新井鹤子的研究结论。不过，很显然，参与实验的学生讨厌这项任务，觉得它让人疲乏、不安、无聊。有个学生用了桑代克会感到满意的说法，表示"即便给她 1 万美元，她也不会再花 4 天时间来做这种事情"。

与精神努力有关的练习与自我控制或意志力密切相关，即有意克制其他更有吸引力的想法。从某种程度上讲，每一项需要付诸努力的精神任务与每一项需要付诸努力的身体任务一样，都需要耗费意志力，因为每项任务都包括克服不想做任何事情的欲望，或者说克服懒惰。

意志力在日常生活中显然是很重要的。如果我有能力提升每个人的智力，我会马上去做，因为智力与所有类型的善行有关 [12]，比如，能为未来做出更好的规划，能增加对他人的善意。但如果我能拥有一种魔法，使得我能提高自控力，让我无须在精神任务上付出更多努力，我会对这种能力更感兴趣。自控力不足（也可以称之为"冲动控制失败"）[13] 会导致吸毒、犯罪、人际关系不良等问题。

良好的自控力还会让生活变得更美好。当面对不健康的食物和其他诱惑时，谁不希望自己有更强的意志力呢？如果能做到从不发脾气，从不被社交媒体"绑架"，岂非更好？如果能在某项工作上投入你希望投入的时间，而不被电子邮件、冰箱里的食物或者瘫在沙发上等诱惑打断，那该多好？

有些人会想办法来解决意志力薄弱的问题。我们随便举个例子，就拿写书来说吧。我的计划是每天写一个小时，并且把它列为早上要完成的第一件工作。早点完成这项任务，我就能更好地应对其他让我分心的事情和工作。此外，我是那种早上工作效率更高的人。从早上

8 点开始工作一个小时的成效大于下午两个小时的工作成效。

说句题外话，对高效率人士的调查[14]显示，这种情况很常见：更多的人在早上的工作效率和质量最好，更少的人在晚上的工作成效最好，还有少部分人在下午的工作成效最好。有时，我能在早上工作更长时间，但在有些早上，我无法一口气完成工作，于是，我会在工作与非工作之间进行切换。有时，我会使用"番茄工作法"的某个版本，花几分钟在某件事上，再花几分钟在另一件事上，比如，看会儿书，回复邮件，浏览一下网站，准备上课的课件，等等。于是，一个小时的写作变成了 3 ～ 4 小时的各种行为。我知道，这种做法不一定对每个人都适用。很多人都有超强的意志力，而我只能持续专注地工作 8 分钟。

我以前并不知道我在早上完成困难任务的效率是最高的，而这正是凯尔·纽波特（Cal Newport）所谓"深度工作"（deep work）[15]的最佳时段。这一点十分有用，但我还是对自己意志力上的缺陷感到沮丧。有时，我一整天都无法工作。要是我能工作一整天，或者利用好大部分的工作时间，我就能赶在截止日前写完这本书，我的编辑不知道会有多开心！但我没能做到！

不过，这么说并不准确，我并非真的做不到。这有点像身体疲劳的情况。如果我告诉你，我太累了，多走一步都不行，然后你跟我打赌，说如果我再走一英里，你就给我 100 万美元，或者用枪指着我的脑袋，说如果我不往前走，就毙掉我，那我肯定做得到。因此，更准确的说法是，持续工作是一件很难的事，需要付出努力，而且令人不快。

疲惫是提示你该去做更重要事情的信号

最小努力原则可以解释体力劳动之不易，因为过度使用身体会导致身体受到伤害。这倒不是说身体的物理局限事实上造成了人们停止体力劳动。人们会肌肉疲劳、骨头疼痛、脚部酸痛，但除了举重运动员达到能力极限这一例外情况，没人是因为自己真的无法动弹了才停止工作的。对身体疲劳的体验至少部分反映了监控身体压力的系统所释放的信号：如果你过度使用身体，身体就会受到伤害，因此，你的大脑需要建立一种机制，当压力太大时，就要喊"慢下来"，直到"停止工作"。

可是，为什么精神努力的困难程度与身体努力类似呢？当你绞尽脑汁思考问题时，如同你体力劳动时不会拉伤肌肉，也不会骨折，你大脑里也不会发生类似的事情。那为什么我们做不到想让脑力劳动维持多久就维持多久呢？

鲍迈斯特及其同事提出了一种可能的解释。他们假设，精神努力（或者自我控制、意志力、坚毅）事实上就像肌肉[16]，疲劳之后就无法再工作了。与此同时，意志力也与肌肉类似，可以通过锻炼得到增强。

这种观点完全符合如下事实：正如人与人在肌肉能力上有差异，人们在意志力的强度上也有差异。这个世上有智识上的强人，似乎拥有无限的专注力，也有认知上的弱者，无法专注哪怕一分钟。意志力的强弱[17]似乎是一种普遍性的个人特质，正如我之前提到的，意志力弱会带来麻烦，使得一个人更有可能做出吸烟、遭遇车祸、意外怀孕、犯罪等行为。

然而，我们会再次提出这样一个问题：既然大脑中没有肌肉，为什么我们会精神倦乏？也许，与肌肉类似，可供大脑使用的资源也是有限的。鲍迈斯特及其同事认为，这种资源就是葡萄糖（糖分）。这一理论得到了如下事实的佐证：糖分似乎的确有提升精力和增加能量的作用。如果精疲力竭了，那就吃个士力架吧！

这一理论很有影响力。鲍迈斯特和约翰·蒂尔尼（John Tierney）据此写了一本畅销书，名叫《意志力》（Willpower）。他们给出的一个建议[18]是，人们应该留意自己的行为，不要在无谓的工作上耗尽自己的意志力。在参加举重比赛之前，你会把自己的肌肉练得酸软无力吗？当我知道巴拉克·奥巴马也认同这一建议时[19]，我才知道它的影响力有多大。在接受著名作家迈克尔·刘易斯（Michael Lewis）采访时，奥巴马谈道：

> "你会发现，我只穿灰色或蓝色衣服，"他说，"我试图减少在穿衣问题上做决策的时间。我不太在意吃什么、穿什么，因为我还有很多其他决策要做。"他提到了学术界的研究，认为做决策的数量越多，质量就会越低。"你需要把自己的精力放在重要决策上，你需要让自己养成这方面的习惯。你的注意力不能被每天的琐事所分散。"

这一采访发生在安东尼·韦纳（Anthony Weiner）[①] 错误地把自己的露骨照片发在 Twitter 上不久，于是《理性》（*Reason*）杂志根据奥巴马关于自我控制的看法拟定了标题："奥巴马喜欢穿无趣的衣服[20]，因为他没有兴趣把自己的露骨照片发在 Twitter 上"。

大脑类似肌肉的理论以一种简明的方式解释了我们的日常体验，但它有一些严重的缺陷。

关于葡萄糖的主张是该理论最有问题的部分。脑力上的努力不可能大幅降低大脑中的葡萄糖水平。事实上，困难的脑力劳动并不比简单的脑力劳动消耗更多的葡萄糖。真正消耗葡萄糖的行为是运动。然而，与葡萄糖假说的预测相反，运动会使人在随后的脑力活动中表现得更好，而非更糟。批评者还指出，在大脑活动的过程中，对葡萄糖消耗最大的行为不是认知活动，而是睁开眼睛，但我们并不认为睁眼是一件很难或者很费力的事情。

如今，大多数心理学家认同，通过饮食让身体补充葡萄糖，会提升人们在困难任务上的表现。然而，我们很早就知道，葡萄糖影响着大脑中的奖赏回路。这就是葡萄糖发挥作用的方式，而不是因为它给身体增加了热量。

关于有限资源假说，罗伯特·库尔兹班（Robert Kurzban）及其同事提出了一种更讲得通的理论。该理论借用了经济学术语"机会成

---

① 美国民主党前众议院议员，因在 Twitter 上发布了一张性暗示照片而辞职，后又因向未成年人发送淫秽内容被定罪入狱。——译者注

本"（opportunity cost）[21]，其标准定义是，"当一个人做出某个选择时，他从其他选择中所失去的潜在利益"。

假设我同意为某本教材写篇书评，稿费是 300 美元，但这要耗费我 8 个小时，这么做划算吗？好吧，这取决于我认为写这篇书评的重要性，以及我是不是很喜欢赚钱，但也取决于我如果不写书评，会在这段时间做什么。如果事实上同样是不令人愉快的工作，我选择做另一件工作可以获得双倍报酬，同等条件下，我肯定不会写书评。一般而言，如果另一个行为的收益超过了你当前行为的收益，你就应该停止你当前的行为，而去做收益更高的事情。

这就是对努力通常不令人愉快的一种理论解释。**出现精疲力竭的情况并不是说你的能量在减少，而是说你的机会成本在增加。**感觉任务很困难通常意味着一种信号，表明还有其他更值得做的事情。

这一理论很好地解释了为什么只有某些行为让我们感到疲倦。从窗户向外看并不费力，因为这种精神活动不会损耗你用来做其他事情的能力，不存在机会成本的问题。聆听古典音乐也不会消耗你的精力，因为你可以一边查看邮件，一边听音乐。让我们再比较一下搬箱子和心算这两种行为，它们会让人感到疲乏，因为它们让你无法从事其他活动，所以让你感到痛苦。努力造成的疲乏是对失去其他机会感到恐惧的一种神经反应。

就此而言，努力所付出的代价与生理状况无关，而与我们认为什么行为有价值有关，比如，当我们致力于设计一种能够依靠自己存活的类人机器人时，那种努力就是有价值的，也不会让人感到疲乏。如果有人愿意在毫不费力的事情上耗费无数时间，他们就会错失做其他事情的机会，比如，参与社交活动。这解释了为什么随着时间推移，努力的意愿会大幅下降，这不是因为有限的精力被耗尽了，而是因为随着时间流逝，其他活动的价值提高了。

努力本身可以成为快乐的来源

我们探讨了为什么努力是件难事，且令人不快。但本书的主题是要探究痛苦的吸引力，结合目前我们已经了解的内容，我们就可以理解迈克尔·因兹利奇（Michael Inzlicht）及其同事所谓的"努力悖论"（the effort paradox）[22] 了。

他们基于我们前面已经探讨过的内容，用丰富的证据证实了最小努力原则，表明人类和其他动物都不喜欢工作和付出努力，也不喜欢锻炼意志力。不过，他们随后指出，有时候也会出现相反的情况。**我们通常会选择做某事，而非无所事事，即便做那件事很辛苦，而且无法提供显见的利益。**事实上，努力本身可以成为快乐的来源。

人们很早就知道，努力是让事情变得更好的秘诀。心理学上的一项经典研究表明，你在某件事上投入的努力越多，就会越觉得这件事有价值。本杰明·富兰克林曾就如何化敌为友提出过一个建议——让他帮你一个忙，而该建议的逻辑正在于，一旦敌人耗费精力帮助了你，他们就会更喜欢你。

或许你还记得马克·吐温小说中的情景：汤姆·索亚[23]需要粉刷姨妈家的栅栏。当汤姆的朋友路过时，汤姆假装很享受这份工作，这让他本来不喜欢这份工作的朋友很快成了汤姆的帮手，并且二人乐在其中。正如马克·吐温所说，汤姆·索亚"无意中发现了人类行为的一个重要定律，那就是，为了让一个成人或小孩垂涎某个东西或者某件事，只需要让这个东西或这件事很难得到手"。

努力让劳动成果的价值变大了。当速食蛋糕预制混合粉[24]于 20 世纪 50 年代刚上市时，家庭主妇们因为觉得这种东西太容易烹饪而没有接受它，于是厂商改变了食谱，用户需要自己在里面加个鸡蛋，之后该产品很快流行起来。如今，餐食外卖已被广为接受，其中一些外卖服务会把所需食材和简单的烹饪说明送到你手上，然后你就可以自己制作食物了。这种半成品比成品更健康、更便宜，但我想强调的重点在于，即便很多人买得起成品，半成品的优势也很大，它能让你感受到自己做饭的乐趣。与之类似的是，我住在康涅狄格州，会自己摘苹果、梨子和草莓，我敢向你保证，亲手摘的果子绝对更好吃，这不仅是因为它们更新鲜。

科学实验室 ——————————————— THE SWEET SPOT

迈克·诺顿（Mike Norton）、丹尼尔·莫雄（Daniel Mochon）和丹·艾瑞里（Dan Ariely）做了一系列实验。他们让被试做手工，比如，玩折纸、搭乐高，结果发现，相比由陌生人制作的同样的东西，被试愿意为自己制作的东西支付更高的价格。在其中一项实验中，被试甚至愿意支付高出 4 倍的价格。即便完成某项任务的方法只有一种，没有给人们留出创新和个性化的空间，或者对于像组装零件这样的死板而没有乐趣的工作，这种效应仍然存在。为了表达对瑞典某家具大卖场的敬意，人们把这种效应称为"宜家效应"[25]，因为卖场里面的很多家具需要由消费者自己组装。

对于努力与价值之间的这种关联，一种常见的解释是，我们的大脑是"意义建构机器"，我们会为自己的行为寻找合理的理由。比如，如果为了加入某个"兄弟会"，我必须先在广场上裸奔，那我一定会认为这个兄弟会真是太有趣了。又如，即便我费了老大的劲才折出了很丑的纸制品，但它们于我而言仍是很特别的东西。

然而，意义建构理论，也被称为认知失调理论，并不能完全解释这种现象。其中一种反驳观点是，它假设我们仅靠努力就足以让行为变得更有价值，但事实上，这种理论也适用于解释他人的努力动机。在一系列实验中，研究人员向被试展示了一首诗歌、一幅画和一个头盔，并告诉他们，制作这些东西所花费的时间是不同的。不出所料，那些被告知某个东西花费了更多时间的被试更喜欢这个东西，也认为它比其他东西更有价值。这意味着，努力与价值之间的关系[26]并非只能用于解释一个人自身的努力，这就违背了意义建构理论。

事实上，非人类动物也显示了同样的效应。以老鼠为例[27]，相比很容易得到的食物，它们会在按下杠杆这件事上花费更长时间，以便得到更难获得的食物，这表明它们认为更难获得的食物更有价值。类似的研究结论还出现在其他动物身上，包括最近一项针对蚂蚁的研究[28]。此处我得申明，我愿意接受蚂蚁是很聪明的动物这一事实，但我不认为蚂蚁也有与人类同样复杂的心理过程，使得它们可以对自己过去的选择做出合理的解释，以便让自己更好受一些。

正如因兹利奇及其同事所说，针对动物的研究表明，只需通过这一简单的关联，努力就可以变得令人快乐。设想你的狗做了一件事，你想为此奖励它，于是拿出了零食。就在你把零食递给它之前，你说了一句："真是乖狗狗！"在你按照这种方式驯养你的狗之前，它只会享受零食，因为这种愉悦感是天生的，而根本听不懂"真是乖狗狗"这句话。不过，任何动物驯养员或只懂心理学基本知识的学生都会告诉你，这句话会逐渐与零食关联起来，过不了多久，只要你一说出这句话，你的狗就会兴奋得浑身颤抖。

现在想想我们自己的生活。人类社会运转的方式是，获得奖赏通常需要以付出努力为代价。与我们在狗身上看到的关联逻辑类似，人类的努力（一开始也许是负面体验）先是与奖赏物关联，随后其本身就变成了一种奖赏。**如果你正在为某件终将带来快乐的事情遭罪，过不了多久，遭罪本身就能带来快乐。**

然而，至少对人类而言，这还不是全部的真相。边沁曾谈到掌控的快乐（the pleasures of mastery），从我对很多小孩的观察来看，我认为这一提法可以成为我们讨论的出发点。我们会为了自身的利益而享受某些类型的努力。我猜想，某些类型的努力本质上就会令我们感到快乐，而且我们天生就是这样一种动物：无论努力的结果如何，适度的挣扎会让我们获得更大的满足感，尽管我承认，对于这种猜想我还没有任何证据。

当被视为一种游戏或玩乐时，
努力就会令人快乐

现在，让我们更深入地探讨人们所享受的那些努力的类型。举个最常见的例子：我喜欢玩《纽约时报》上的字谜游戏，做这件事本身就会让我感到快乐。没人付钱让我玩这个游戏，我也并非特别擅长这项活动，只是觉得它好玩。

将字谜全部填对肯定会给我带来快乐，但这不是我喜欢它的主要原因。我可以轻松完成《纽约时报》的"星期一字谜游戏"（the Monday Easy），但我不喜欢玩它，因为它太容易了。而随后几天的字谜游戏越来越难，我经常无法完成，却乐在其中。美好的结果并不像很多人所认为的那样令人满足或必不可少。要理解这一点，我们不妨想一下，洛奇最终输掉了比赛。①

在这一例子中，应对挑战本身就是快乐的来源。想想把废纸揉成一团，试图从很远的距离连续三次扔进废纸篓。或者，想想一对正在吃巧克力豆的夫妻，一人将一颗豆子抛向空中，另一人则用嘴将其接住。这些行为没有内在价值，我们发明它们，只是为了让类似扔废纸和吃巧克力豆这样的寻常活动变得既有难度也有乐趣。

---

① 洛奇是美国影星史泰龙主演的电影《洛奇》的主人公，该影片获得了 1976 年奥斯卡最佳影片奖。影片讲述了一个寂寂无闻的拳手洛奇与拳王阿波罗争夺拳王的故事，洛奇撑过了 15 回合（这是他给自己定下的成功目标），但最终还是输掉了比赛。——译者注

那么，是什么原因使得有些行为不适用于最小努力原则呢？我们之前探讨过用机会成本来解释努力的程度，当出现更有意义的事情可以做时，我们就会对当前的工作感到疲乏和厌倦，这也是努力通常令人厌恶的原因。于是，我们可以用如下方式提问：对于某些类型的努力，是什么因素使得它们比其他可能的替代选项更有吸引力？是什么因素使得搬动家具比填字谜更有乐趣？

一种解释是，当被视为一种游戏或者玩乐时，努力就会变得令人快乐。例如，一位工作表现突出的受访者在接受采访时提到其成功的秘诀是"我不认为那是一项工作"。当今社会存在着一种"游戏化运动"，将并非游戏的行为视为游戏。

然而，这种解释没有回答这一问题，只是将其进行了重构。如今，我们不再问哪种类型的努力令人快乐，而是问哪种可以算作游戏。当然，重构仍是有用的，因为人们对何谓好玩的游戏[29]已经有了深入的了解，并经常提到这类游戏的如下特征：

第一，有可实现的目标。在从事哲学家所谓"无目的"（atelic）的活动[30]时，人们也许会从中感受到乐趣。不过，由于这些活动没有目标，也就谈不上真正的完结。（"telos"意为"目的"；"atelic"意为"没有目的"。）关于这类行为，人们可以想到漫无目的的散步，或者与朋友打发闲余时间。人们往往很难在无目的的任务上维系应有的努力程度，尤其是这些任务难度很大或者令人厌恶时。在希腊神话中，西西弗斯不得不将一块巨型圆石推到山顶，随后圆石滚到山底，然后西西弗斯把圆石再次推到山顶，如此往复。人们很容易理解为什么这是一种悲惨的命运，因为这一行为没有目标，也永远没有完结的那一天。

　　设定目标是必要条件，但远非充分条件。很多费劲的任务都有明确的目标，比如打扫浴室，但没人会因为好玩去完成这些任务。然而，目标的确可以为任务增添快乐的成分。打扫浴室 30 分钟不会令人感到快乐，但这肯定比花 30 分钟打扫一间西西弗斯式的浴室更容易让人接受，因为后者意味着无论你怎么打扫，浴室总是会再次变脏。

　　第二，有子目标，有取得进步的标志。玩字谜游戏的乐趣之一就在于，你离完成任务越近，就越能感受到自己通过实现一个个小目标获得了进步。这就是行为游戏化要实现的主要目标：使用分数、货币、徽章、进度条来表明你离目标越来越近，而这就让行为形成了良性的自我强化。当我跑步时，我使用有 GPS 定位的手表，它让跑步成了一种游戏。我可以对每次跑步的速率和时间进行比较，从而取得进步。不仅如此，我还能在跑步过程中设定子目标，比如，我可以先以每小时 X 公里的速度跑一分钟，然后把速度降到每小时 Y 公里，再跑一分钟，作为对自己的奖励。这种做法会让时间过得更快，让体验变得更令人快乐。

　　这似乎把我们带到了快乐行为理论，但实际上并非全然如此。搬家具可以设定很多子目标，比如，如果你要搬 100 套家具，就可以设定 100 个子目标，但即便如此，搬家具仍然不是一件令人愉快的事情。

　　第三，精通。一种好玩的游戏会将难度设计得适中。很多电子游戏，诸如"俄罗斯方块"和"愤怒的小鸟"，刚开始很简单，然后难度逐渐增加，最终你会在某一关花很多时间，费很多脑子。擅长做某件事的过程，让自己不断进步的过程，以及比他人做得更好的过程，会让人感到快乐，这就将令人愉快的活动与那些诸如打扫浴室、搬家具之类的活动区分开来，因为至少对多数人而言，后者不会让人愿意付出哪怕适度的努力。

第四，社会联结、友谊和竞争。这些都不是好游戏最重要的构成因素，毕竟还有很多好玩的游戏是单人游戏。不过，与他人联手对抗其他对手会为游戏增加很多乐趣。最受欢迎的视频游戏是那些有不同团队参与的竞争性游戏。这是游戏化的一个维度：如果工作被转化为一种游戏，人们有时就会觉得自己更有动力，也会发现其他同事更有动力；他们可以组成团队，得分则被记录在公告栏上。

第五，收藏。有些受欢迎的、好玩的游戏包括收集物品，比如你会在"宝可梦"（Pokémon Go）游戏中尽可能多地收集虚拟角色"宝可梦"。这可以被视为"子目标"的一种具体形式（上文提到的第二点），你每收集一个物品就完成了一个子目标，而这种由收集带来的快乐也许不同于你玩字谜游戏或以第一人称视角玩射击游戏时得到的快乐。

这些都是好玩的游戏的特征，我们在下一章探讨对意义的追求而非对快乐的追求时将重新谈到它们。

心流，最具吸引力的一种努力

关于哪种类型的努力具有吸引力，早在"游戏化"这一术语被发明之前，我们就有了最佳答案。它来自希斯赞特米哈伊关于心流特征的洞见。在希斯赞特米哈伊看来，心流是一种强烈的专注体验，让你完全活在当下。

　　我第一次接触希斯赞特米哈伊的著作就是其经典之作《心流》[31]。该书大部分内容基于他对棋手、舞者、攀岩者等各色人物的采访，描述了心流是什么状态。正如我前面提到的，这本书对我产生了巨大的影响，帮助我明白了我对自己生活中的哪些方面是满意的，对哪些方面是不满意的。也就是说，它让我明白了我并不知道我其实已经知道的东西。它还让我对希斯赞特米哈伊的采访对象心生嫉妒，因为他们如此幸运，如此有天赋，能让自己在心流状态中度过自己人生的许多时光。

　　一个人要怎样才能进入心流状态呢？你需要拥有"金发姑娘原则"式的体验：既不太激烈，也不太柔和。或者，你需要找到"甜蜜点"：你接受的挑战是适度的，既不太容易——这会导致厌倦，也不太困难——这会导致压力和焦虑。心流体验通常包括对你的体验做出及时的反馈，以便实现清晰的目标。因此，我在前文提到的目标、子目标和精通这三个标准，很好地契合了这一分析框架。

　　复杂的竞技运动，如攀岩，以及智力活动，如写作，就是产生心流的典型例子。有一些体验通常有助于产生心流，有一些则通常不利于产生心流，这取决于个体差异。你可以想象有两个人正在讨论某个问题，其中一个人因为该问题难度适中，且对其感兴趣，处于极强的心流状态，完全沉浸在当下；而另一个人则处于恐慌和压抑状态，或者觉得无聊透了。

　　人的一生会经历多少心流？答案是，人与人之间差异巨大。即便有很多机会，有些人还是完全没体验过心流。还有一些人哪怕身处最糟糕的境地，比如待在单人牢房，也会创造机会体验心流。希斯赞特米哈伊谈到过那些"自带目的性人格"的人，他们只会因为行为本身的价值而做事情，不会追求外在的目标。这种人格与诸如好奇心、坚韧以及希斯赞特米哈伊所谓的"低自我中心感"（low self-centeredness）之类的特质有关。低自我中心感是指这样一种状态：你更少关注自己，以及更少在意别人对你的评价。不去想别人怎么评价你，会让你更专注、更投入。

　　少有人足够幸运，能让一生都处在心流中。希斯赞特米哈伊与珍妮中村（Jeanne Nakamura）针对美国人和德国人做了一系列调查[32]，发现大约有 20% 的人经常体验到心流状态，他们表示自己完全沉浸其中，忘了时间的流逝。但超过 33% 的人表示自己从未体验过这种状态。其他研究发现，尽管有些人从非心流、低难度的活动中收获甚微，比如，做简单的填字游戏、看无聊电视节目，但有些人喜欢这样的活动并回避其他选择。

　　如果心流的确能让人感到快乐，为什么有些人很少进入这种状态呢？其中一个原因在于，万事开头难。毕竟，人们通常喜欢选择做容易的事情。相比登上跑步机，人们更愿意躺在沙发上；相比做一件动脑子的事情，人们更愿意看网站上的视频。此外，即使你进入了心流状态，也很难持续保持。人们并不清楚如何找到持续保持心流状态的"甜蜜点"，如果用前文探讨过的机会成本理论来解释，那就是其他活动会逐渐吸引你的注意力。

　　此外，随着时间的推移，从事某项活动的益处会减少。就写作而言，刚开始你可能有一些好的想法，但很快你就把容易写的部分写完了，要想写出新意就会变得越来越难，你越来越沮丧。玩字谜游戏时，一旦你找出正确答案就会感到快乐，但随着难度增加，你可能就会从心流状态变为沮丧状态。

　　心流固然美好，但人们很难找到产生心流的行为，因为它们处于令人厌倦与令人焦虑之间。此外，心流状态也很难进入，很难维持。

　　希斯赞特米哈伊强调，工作是心流的主要来源。然而，即便这一观点在他 30 多年前写《心流》这本书时是正确的，现在也站不住脚了。盖洛普对来自 142 个国家的 20 多万人做了关于工作方面的调查[33]，受访者要把自己归到如下三类人群中的一类：

　　满意的员工：有工作激情，对公司有归属感。会驱动创新，推动组织发展。

　　不满意的员工：处于"摸鱼"状态，在公司混日子，耗时间，而非把精力或激情投向工作。

　　非常不满意的员工：不只对工作感到不满意，还会将这种不满意发泄出来。每天，这些人都会破坏其他对工作满意的员工的表现。

　　只有 13% 的受访者表示自己对工作满意，63% 的受访者表示不满意，还有 24% 的受访者声称自己是非常不满意的员工。简而言之，大多数人对自己的工作不满意。

有很多原因可以解释为什么会出现这种情况。许多工作有着糟糕的职场环境，员工没有受到公正的对待，缺乏自主权。用戴维·格雷伯（David Graeber）的话说，很多人用了一生中的多数时间在差劲的职业上从事着糟糕的工作[34]，这些工作没有意义、毫无必要，甚至损害身心。往小了说，这些工作几乎不会让人满意，也不会让人产生心流；往大了说，这些工作没有意义和价值。

尽管如此，有些职业相对而言并不那么糟糕，其中一些与其本身的意义有关[35]。在一项调查中，超过 200 万受访者被问及他们从事什么职业，然后被问及他们认为自己的人生有多大的意义。

结果表明，比较有意义的工作是成为军人、社会工作者和图书管理员。这一排序很有意思，因为上述工作都涉及大量的人际交往，并且有一定的难度，但薪水并不高，也没有很高的社会地位。如果你想有一份既有意义又有高薪的工作，最好的选择就是成为一名外科医生，其收入和社会地位都很高，而且受访者认为这份工作很有意义。这就是调查结果告诉我们的。

哪些工作没有意义呢？调查显示，厨师、服务员和销售员位居其列。受访者认为最没有意义的工作是什么呢？停车场收费员。

当然，工作是否有意义不仅仅与工作本身有关。从事同一份工作的两个人可以对其有不同的评价。我认为教授这份工作让我有很多自由时间，有很好的工作环境，有高效而令人满意的成果；我无法想象还有更令我满意的工作。但在过去几年，有三个我认识的教授从名牌大学提前退休了。与我不同，他们觉得教授工作很无聊，令人不满意和沮丧。

另外，希斯赞特米哈伊注意到，任何职业都可以变得有意义。低微的工作，如打扫厕所，如果由合适的人来做，也会有价值且重要。埃米·瑞斯尼斯基（Amy Wrzeniewski）和简·达顿（Jane Dutton）采访了一家大型医院的清洁工，发现这些人对工作满意度的评价差异很大，这与他们如何看待自己的工作以及与救治患者之间的关系有关[36]。埃米利·伊斯法哈尼·史密斯在其书中讲述了肯尼迪总统于1962年视察美国国家航空航天局（NASA）时与一位清洁工交谈的故事，这个故事很好地概述了一个人将自己的工作与更宏大的使命关联起来的价值。当肯尼迪向这位清洁工了解他的工作情况时，他说，他正在"帮助人类登月"[37]。

正如你所看到的，我是心流的忠实粉丝。它与心理健康有关，是一种个人奖赏。它还与专注和自律等能力关联在一起，而这些能力是值得人们拥有的。然而，它的重要性还是被夸大了。珍妮中村和希斯赞特米哈伊写道："何谓良好生活[38]？……心流研究已经提供了一种答案，有助于人们理解完全活在当下的那些体验。从心流的视角来看，良好生活就是完全沉浸在自己所做的事情之中。"

然而，对于何谓良好生活，这是一种不太理想的答案。产生心流的事情可以是微不足道的小事，比如，对我和很多人而言，字谜游戏能产生心流体验，但一辈子只玩字谜游戏则是对生命巨大的浪费。事实上，希斯赞特米哈伊本人在其他文章中也探讨过，沉迷于琐屑小事并非心流导致的最大的问题。

于是，我们看到了心流的局限性。那么，没有某种目的、没有良善和意义的生活会是怎样的呢？

THE SWEET SPOT

第 5 章

让有意义的体验改变和
丰富你的人生

- 关于自己是怎样的一个人，你不可能什么都不做就能对此了解得很清楚。

- 不知道甚至没考虑过自己一直在寻找或者思考人生意义，并不妨碍你过上有意义的人生。

- 最有意义的事件大都位于两个极端，要么非常令人愉快，要么非常令人痛苦。

THE SWEET SPOT

关于人类起源的故事，最佳版本不是来自宗教、神话或科学，而是来自《黑客帝国》。在电影中，特工史密斯告诉墨菲斯，他们正在体验的世界（由恶意的计算机创造的虚拟世界）是如何产生的：

> 你知道第一个黑客帝国曾被设计成一个完美的人类社会吗？那里没人遭受痛苦，每个人都很快乐。但这样的世界是个灾难。没人认可这个方案，因为人们失去了很多重要的东西。有人相信这是因为我们没有掌握描述完美世界的编程语言，但我认为，作为一种特殊动物，人类是通过痛苦和困境来定义自身现实的。所以完美的世界只是一个梦，而你的大脑一直希望你从这种梦中醒来。

"通过痛苦和困境来定义自身现实"，这句话很好地抓住了一个经久不衰的观念，它是神学、哲学领域和无数宿舍里人们争论的话题，也很好地体现了本书的核心主题，即某种程度的痛苦和困境对于丰富而有意义的生活至关重要。

意义是一个很难下笔的话题。物理学家沃尔夫冈·泡利（Wolfgang Pauli）在批评另一位科学家的研究成果时说过一句很有名的话："他的结论不正确，甚至都称不上是错误。"当读到谈论意义和目的的著述时，我时常想起这句话。问题主要不在于我不认可那些著述的观点，而在于这些观点都太含混、太模糊、太宽泛，经不起推敲。所以，当现在要探讨这些问题时，让我们先看看能否得出一些像样的结论。

我们的探讨可以从登山开始。

我们为什么痴迷登山

如果有聪明的外星人来观察人类，他们应该会理解我们选择做的诸多事情。做爱、吃饭、喝水、休息、照顾孩子、建立友谊，所有这些行为都是预料之中的，来自自然选择。但他们应该会对我们在本书探讨的诸多话题感到困惑，比如，喜欢看恐怖电影、参与马拉松运动。他们可能还会问：是什么驱使人类去做一些危险而又困难，同时似乎又是无用的事情呢，比如，攀登珠穆朗玛峰？

人类自己也不知道答案。一个经典的回答来自登山家乔治·马洛里（George Mallory）："因为它（珠峰）就在那里。"这句话虽然很幽默，但它是一个糟糕的答案，毕竟，世间还存在各种其他事物。经济学家乔治·洛温斯坦（George Loewenstein）曾在大约 20 年前发表

的一篇杰出文章的标题的开头引用过这句话 [1]，该标题的完整版本是
《因为它就在那里：登山对效用理论的挑战》（Because It Is There:The
Challenge of Mountaineering...for Utility Theory）"。

"效用"是一个专业术语，意指你从商品或服务中获得的满意度。
洛温斯坦在文章开篇就提到，在边沁所生活的 18 世纪，人们对于哪
些事物能给人带来满足感这一问题感兴趣。不过，随着经济学的发
展，人们对这一心理学问题的兴趣已经减弱。如今，正如洛温斯坦所
说，关于效用在经济行为中的重要性的论点，"其提供的心理学洞见
比对人们的选择偏好所做的观察更多一些" [2]。他的这篇文章想要实
现的一个目标，就是在经济学学科内复兴对效用性质的研究兴趣，而
他以登山为研究案例。

如果边沁生活在今天，他会认为登山有什么效用呢？尽管他有时
会批判愚蠢的享乐主义，但是他真实的想法 [3] 很复杂。他谈论过感官
愉悦，但对他而言，这只是效用的很多方面之一。他还思考过快乐更
为抽象的形式，用他自己的话说，包括掌握技能的快乐、毛遂自荐的
快乐、拥有名声和权力的快乐、敬虔的快乐、善意的快乐、恶毒的
快乐。

至少，登山的效用并不明显。它绝对谈不上是感官上的快乐。洛
温斯坦梳理了关于职业登山的各种报告，其中包括极地探险，他得出
结论认为"登山从头到尾充满了无情的痛苦" [4]。登山爱好者的私人
日记和旅行日志提到了"极度寒冷（通常导致冻伤，甚至失去四肢，
乃至死亡）、筋疲力尽、雪盲、急性高原反应、失眠、恶劣的生活条
件、饥饿、恐惧……"。登山者总是要不断寻找食物，此外，过程也

十分无聊："在攀登途中，绝大多数时间都花在单调得令人难以置信的活动上，比如，为了躲避暴风雪，要在一小间挤满了其他登山者、散发臭味的帐篷里待上好几个小时。"登山者在这一过程中充满了恐惧和焦虑，因为他们都知道有多少前人在途中死去或伤残。

在洛温斯坦的文章中，他使用了登山者们撰写的文字材料，之后就出现了好几种出色的登山纪实著作和影像资料，比如，《进入空气稀薄地带》（*Into Thin Air*）、《珠穆朗玛峰》（*Everest*）、《北壁》（*North Face*）和《冰峰168小时》（*Touching the Void*），这些文献都佐证了他的观点。尽管你可以在情况变糟、即将死去、脸部和脚趾被冻掉之前停下脚步，但显然没人认为登山这件事就其字面意义而言很好玩。登山是一种自我折磨式的挑战。

登山是否能让人体验到社交带来的快乐呢，比如，归属感、友谊和爱？有些艰难的任务的确能让参与者感受到集体团结一致的温暖，提供深度的情感联结，而这种联结只能通过共同奋斗和受苦获得。无论人们觉得战争有多可怕，当谈到战争时，社交联结总是一个常见的积极主题，比如，战友之间的兄弟情谊。但这些快乐似乎都不适用于登山，或许这是因为呼吸困难让交谈变得更难，也或许是因为登山者在持续承受生理压力，无论出于何种原因，登山者经常把他们的体验描述为孤独和疏远人群。有很多登山故事提到了如下情形：伙伴们长达数日或数周不说话；彼此的看法不可调和；带着仇恨彼此分开。

关于登山的效用的一种更有说服力的解释，是边沁所谓的由名声带来的快乐。几年前，我正在看我儿子参加的在康涅狄格州一家大型体育馆内举办的攀岩比赛，一群人围向一位刚走进体育馆的年轻女士。她才登上了珠峰，每个人都想听听她的故事。我只能想象，如果她是第一批登上珠峰的人，人们会怎么评价她。从事某些活动的益处之一就是你能从他人那里得到尊重和崇敬，其程度与该活动的难度、风险和所需的能力有关。如果攀登珠峰很容易，且令人愉快，就不会有人对你所做的这件事留下深刻印象。

在这个问题上谈论名声动机是一件很奇怪的事情。洛温斯坦指出，当谈论征服某座山峰的计划时，登山者很少承认他们的行为动机是为了出名。与之类似，诸如北极跋涉之类的徒步活动通常被认为主要出于科学考察或者人文项目的需要，但洛温斯坦嘲讽般地认为，这种看法只是为了掩盖不那么利他的其他目标。我认同他的看法。

这一点也适用于学术圈。在我所在的研究领域，每个赢得大奖的人都会谈到他们有多开心，因为这能让他们继续从事自己的研究，并能为有潜力的学生和同事提供研究上的资助。然而，我们的行为动机很少是纯粹的。如果你不相信这一点，不如想想那些就谁最先揭示某个科学成果这一问题展开激烈争辩的科学家。这与登山群体别无二致。

通过挑战来了解和实现自我

从事登山这类活动的另一种动机是人们出于对自己能力的好奇[5]。洛温斯坦提出，与获得名声一样，这种动机有助于解释为什么登山者能持续面对艰巨的挑战:"登山可以体现一个人的品格,因为它并非易事。登山的一个很重要的目的就是检验自己的勇气,而登山过程中必定会遭遇的痛苦和不适则为这种检验提供了试金石。"

人们都会对自己感到好奇,很想了解自己。如果你在网上做过智力测试,或者曾用"迈尔斯-布里格斯人格类型测验"(Myers-Briggs Type Indicator,MBTI)来了解 16 种人格类型中你有哪几种,或者测试过你属于漫威超级英雄(Marvel Superhero)中的哪个成员,就能明白我的意思了。我很欣赏和尊敬的一位作家罗克珊·盖伊(Roxane Gay)批评过她参与的一次网上调查,该调查向她保证,能够基于她喜欢吃赛百味三明治中的哪些食材来推断她的真实年龄。

"认识你自己"是个很好的做法。假如你胆子很小,认识到这一点就很重要,有助于你变得更勇敢。假若每当你睡眠不足或者处于饥饿状态时,你的脾气就会变糟,那么认识到这一点有助于你解决相关问题。**关于自己是怎样的一个人,你不可能什么都不做就能对此了解得很清楚。**日常生活会提供一些机会来检验你的能力,比如,当你面对死亡时你有多勇敢,当你面对生理上的挑战时你的应对能力有多强。如果你想要认识你自己,检验你的勇气,登山之类的活动就非常合适。

不过,这种解释似乎也不像看上去那么有道理。如果你想知道自己有多健壮,你只需要举重就能办到。但你若想知道自己有多么乐于助人,你应该自愿住在流浪汉收容所,看自己能在里面住多长时间吗?你不需要这么做,如果你以这种方式来检验你的善心,那么你待在收容所时间的长短只是反映了你对自己的好奇(或者不如说是对自己善心的怀疑），而非反映了你对流浪汉有多么关心。这一悖论在电视剧《善地》（*The Good Place*）中得到了很好的探讨。剧中的主角们需要做各种好事，从而不会被罚入地狱。然而，一旦知道他们的善行可以救赎自己，就意味着他们的动机被扭曲了，他们的善行就算不上真正的善行了。

这类问题不只适用于善行。在房间里挑一个最健壮的家伙来跟自己打一架，这种做法看上去能有效评估你有多强韧，但如果这就是你要这么做的原因，那么你就一点都不强韧，它只是反映了你觉得自己很没有安全感。同样，选择通过登山来检验自己的勇气，只不过反映了你的自我怀疑，而非你的勇气和对冒险的喜爱。

此外，攀登珠峰需要投入足够的财力和时间，并且风险和挑战都很大。人们真的有必要通过这种方式来认识自己吗？更何况登山这件事与过好这一生并没有多大关系。

与此相关的还有另一种解释，即出于自我慰藉的需要，或者说，人们希望获得自我肯定。我把这种解释称为"自我彰显"（self-signaling）。然而，这么做似乎得不偿失。此外，这种解释会让人有些困惑。假设你相信自己能够成功登顶珠峰，那你就没必要为了自我彰显而去登珠峰了，因为你已经知道你可以做到。现在，假设你没有信心，那么把攀登珠峰作为自己追求的目标很可能会让你对自己产生更糟而非更好的自我评价。

最后，想象有人在离登顶几步之遥时必须撤退返回，他会对这次登山感到很满意吗？毕竟，他在登山过程中的努力已经彰显了自己勇敢、坚韧和其他的良好品格。答案很可能是不会，他会感到失望，因为没实现目标，而目标又是相当重要的东西。

洛温斯坦提出的另一种可能的解释是，人们有完成目标、获得成功、夺取制高点（用登山者的话说）的愿望。登山者经常提到渴望登顶成功是令人难以抗拒的目标。他们通常会在距离山顶很远时就设定撤退时间，无论已经爬了多远，这是一种为了确保人身安全而做出的事先安排。然而，如果离山顶很近，实现目标的可能性很大，而且已经付出了财力、时间，忍受了巨大的痛苦，很多登山者就不太愿意遵守最初的撤退计划了。洛温斯坦指出，拒绝撤退的做法造成了很多死亡。

这种对目标的关注并没否认获取名声或自我彰显的重要性。此外，我们在前一章所探讨的精通体验和心流体验肯定也属于登山的动机。但我们能达成一致的看法是：我们之所以要登珠峰，是因为它是一个值得追求的伟大目标。

然而，如果我们停留于此，那就不会比"因为它就在那里"这一答案更好。是什么使得它是一个伟大的目标？有人回答说，"因为它很有意义"，但这又提出了另一个问题，是什么使得一个目标有意义？为什么攀登珠峰就有意义，而爬楼梯到办公室就没有意义？（这与难度无关，毕竟，爬 1 000 步楼梯同样很难，但这种做法似乎很蠢，没有意义。）那么，究竟什么是有意义的呢？

为了找出答案，想想与意义有关的其他活动。你可能不想攀登珠峰，但你也许想上战场。很多人，尤其很多年轻人，往往愿意参加战争。而这么做的负面后果是显见的，比如，无法做其他想做的事情；与所爱的人分开；冒受伤或死亡的风险。但它还是有不可否认的吸引力。

人们对上战场有着不同的看法，在这里，我特别想分享一个故事。有一次，我计划去访问一所学校，并要在那里做一场演讲。到机场来接我的人是一位哲学系的老师，我们谈到了战争是否道德的话题。她有个儿子。她说如果儿子被征召去参战，要与敌人搏斗，她会有多么害怕。我说我也有儿子，并提出了一种常见的想法，或者至少在我看来是这样的：无论人们怎么看待战争，对我而言，没有什么比我儿子死于战场更令我悲伤的事情了。她对这番话的回应是，她不确定是她的儿子战死沙场更糟，还是他会在战场上杀死别人更糟。

我被这位老师的这番话震惊了。在我看来，我的儿子死于战场是我能想到最可怕的事情，但要是听说我的儿子在战场上杀死了别人呢？我不知道我会怎么想，这取决于特定的情况。他的心理因此受到创伤了吗？当时的场景是怎样的？他的行为是勇敢的自卫，还是无端的、残忍的攻击？他是在消灭恐怖分子，还是奉命杀害小孩？我告诉她，事实上我很难确信我儿子杀人会比他被杀更可怕。这位哲学家说，她不同意我的看法。她担心杀人会以某种可怕的方式改变她的儿子，在她看来，这也许比他战死沙场更糟糕。

就这种经历的改变性力量而言[6]，她的看法是对的。但对很多人来说，这正是战争具有吸引力的部分原因所在。

在相当多国家，大多数人甚至都不愿意参军。然而，对战争的喜好还是间接地从幻想和游戏中得到了体现。文化评论员通常会忽视视频游戏强大的吸引力，尤其是模拟战争游戏。比如，"使命召唤"系列游戏[7]就售出了大约 2.5 亿套，该游戏所属公司赚了 150 亿美元。这类模拟游戏非常受欢迎，因为它们满足了人们对于体验战争的需求。

通常而言，战争还有其他吸引力。我之前提到了归属感带来的快乐，但它还有一种强烈的道德感召：渴望保卫自己的群体，击败自己的敌人。比如，美国"9·11"事件后所发生的事情尤其有说服力，当时参军的人数猛增。此外，自愿参加战争还是勇气和忠诚的极佳体现，而且我在前文也提到过，参加战争是认识自我的一种方式。人们可以在《纽约客》对演员亚当·德里弗（Adam Driver）的访谈[8]中发现，各种动机是交织在一起的。那篇访谈中提到德里弗在成为演员前为什么会加入海军陆战队：

> 他渴望接受身体上的挑战，而海军陆战队的训练非常辛苦。"他们对我说，'我们不会给你参军奖金，我们是最辛苦的部队，你不会在我们这里体验海军或陆军的那些轻松任务，你将面临艰巨的挑战'。"他的参军意愿如此坚定，以至于征募人员问他是否意在通过参军让他的某个犯罪行为得以逃脱法律制裁。

然而，战争的吸引力不仅仅在于归属感、道德感和自我彰显。正如克里斯·赫奇斯（Chris Hedges）在他一本著作的标题中所说，"战争具有给予我们意义的力量"。

为养育孩子付出得越多，人生越有意义感

也许你对前面提到的两个例子都不感兴趣，因为你既不喜欢登山，也不喜欢参加战争，但你或许对生养孩子感兴趣？

很少有比是否生养孩子更重大的决定了，而心理学家和其他社会科学家已经搞清楚了它是否属于好的决定。诸多研究表明，从纯粹享乐的角度而言，它不是个好的决定，而是错误的决定。研究发现，成为父母后，每天的养育体验很少让人感到快乐，尤其是在孩子年龄还很小的时候。

科学实验室 THE SWEET SPOT

在一项研究中，卡尼曼及其同事让大约 900 位职场女性[9] 报告，每天工作结束后她们会做哪些事情，以及当她们做这些事时的快乐程度。结果表明，她们与孩子在一起时的快乐程度不如做其他事情，比如，看电视、购物或烹饪。其他研究发现，在孩子刚出生时[10]，父母的幸福感会降低，并且会持续很长时间，婚姻满意度也会降低[11]，直到孩子搬走独立生活之后才会恢复到之前。正如吉尔伯特所说："空巢症的唯一症状就是欢笑增多了。"[12]

毕竟，生养孩子，尤其在孩子年龄很小时，人们要面对经济问题，承受睡眠不足的困扰和各种压力。对母亲而言，怀孕和哺乳期间还要承受生理上的痛苦。孩子会让良好且彼此相爱的夫妻关系变成一种零和博弈，比如，谁可以先睡觉，谁

能有自己的娱乐时间，等等。正如珍妮弗·西尼尔（Jennifer Senior）注意到的，孩子让夫妻最常争吵的问题[13]"不是金钱、工作、亲戚关系、恼人的个人习惯，而是沟通风格、休闲活动、分担事项、恼人的朋友以及性关系"。如果有人无法理解这一点，那么与一个正在生气的 2 岁小孩（或者闷闷不乐的 15 岁孩子）待上一整天就能理解了。

然而，就像心理学领域经常出现的情况，一开始的研究提供了清晰而又有趣的结论，比如，"生养孩子不会让你感到快乐"，随后就有其他研究表明，问题其实很复杂。首先，生养孩子对一部分人的幸福感的冲击更大[14]。一项研究发现，孩子出生时，年长的父亲其幸福感甚至会得到提升，而年轻父母和单亲父母，无论男女，幸福感的降幅最大。此外，之前的研究数据大都来自美国，而最近的研究则考察了 22 个国家有小孩和没有小孩的民众的幸福指数，结果发现，生养孩子是否让人感到幸福在一定程度上受到是否有诸如父母带薪产假之类的儿童保育政策[15]的影响。比如，挪威和匈牙利的父母就比该国没有孩子的夫妻更幸福，而澳大利亚和英国的父母就不如该国没有孩子的夫妻幸福。你猜，在这 22 个国家中，哪个国家的父母幸福指数降幅最大？美国！

生养孩子会让一些人快乐，也会让另一些人痛苦，还有一些人则处于快乐和痛苦之间，这取决于父母的年龄、身份是母亲还是父亲、生活在哪个国家。然而，这一问题还给人以更大的困惑。很多人如果选择不要孩子，他们本可以过上更幸福的生活，有更美满的婚姻。然而，他们还是认为成为父母是他们人生的重要组成部分，是他们做过的最棒的事情。那么，为什么我们不会后悔生养孩子呢?

　　一种可能的解释是，这是由记忆扭曲造成的。当评估自己以前的经历时，我们倾向于记住最美好的时刻，遗忘 99% 乏味或糟糕的时刻。我们的记忆是有选择性的[16]。西尼尔使用了本书之前做出的区分，写道："我们的经验式自我告诉研究人员，我们喜欢做家务、打盹儿、购物、回复邮件，而非与孩子待在一起……但我们的记忆式自我则告诉研究人员，没有任何人或事能像孩子那样让我们感到快乐。这种快乐或许不是每天都能感受到的，而是我们回想起来的快乐，它是我们生活的调味品。"

　　这种解释有一定道理，我不会对此提出反驳。但我还想谈谈另外两种解释，它们可以回答为什么人们通常不会对生养孩子感到后悔。你将看到，在这一问题上我再次成了多元论者，因为我认为这两种解释都与单纯意义上的幸福无关。

　　第一种解释与依恋有关。大多数父母爱自己的孩子，而向自己和他人承认如果你爱的某个人要是从未来过这个世界该有多好，似乎是件很糟糕的事情。何况，你并非被迫承认你因为孩子的存在而感到幸福，这是你的真实感受，毕竟，你爱你的孩子。

　　这就将你置于了一种有趣的境地：你渴望某种状态，但你相信比起做出其他选择，这种状态让你更不幸福。在《重来也不会好过现在》（*Midlife*）一书中，基兰·塞蒂亚（Kieran Setiya）详尽阐述了这一观点[17]。在改动了哲学家德里克·帕菲特（Derek Parfit）提出的思想实验之后，塞蒂亚让你想象你和你的配偶会在某个既定时间内怀孕，这个孩子天生就有严重的疾病，比如，慢性关节疼痛，但并不致命。然而，如果你选择在既定时间之外怀孕，孩子就不会有先天疾病,能够健康成长。不知出于何种原因,你没有选择推后怀孕,而这位先天患病的孩子还是长大了,你很爱他。尽管他承受了痛苦,但他过得很开心。你会对你的选择感到后悔吗?

这个问题很复杂。显然,孩子没有先天疾病肯定会更好,但如果你推后怀孕,就会有另外一个孩子,而你现在爱着的孩子就不会存在。是的,你按计划怀孕的决定是错误的,但这个错误也许并不会让你感到后悔。一个人对另一个人的依恋可以让前者接受整体生活品质的下降。因此,我们对孩子的爱通常意味着,我们所做出的生养决定的价值盖过了孩子对我们的幸福感所造成的任何负面影响。

第二种解释或许与第一种解释有关,但心理学家和父母在谈论它时说的却不是一回事。当我说生养我的儿子们是我人生做过的最棒的事情,我并非在说他们每天都让我感到快乐,也并非在说他们改善了我的婚姻关系。我只是在谈论一种与满意有关的更深层次的东西,比如,目的和意义。

不止我有这种想法。当你问人们"你思考人生意义和目的的频率有多高"[18] 或者"从整个人生来看,你当下正在做的事情在多大程度上对你个人是极为重要和有意义的"时,父亲和母亲会说,相比没有当过父母的人,他们的人生更有意义。我们之前花了很长篇幅探讨由鲍迈斯特及其同事所做的关于意义和幸福的研究 [19],他们在这一研究中发现,**人们花在照顾孩子上的时间越多,越觉得人生有意义,即便他们表示他们的生活并不快乐。**

与登山和参战类似,生养孩子也是一种与快乐并不必然相关的行为，却都有增强意义和目的的作用。作家扎迪·史密斯（Zadie Smith）比我说得更好，他将生养小孩描述为"一种融合了可怕、痛苦和快乐的奇怪的体验"[20]。

与其他认真思考过这些问题的人一样，史密斯指出了极度依恋的风险："你深爱的、给过你真正快乐的人最终会离开你，这难道不是一件足够糟糕的事情吗？失去你的孩子这一噩梦的发生无异于地球毁灭。"然而，如果失去孩子相当于地球毁灭，那么生养一个健康、快乐和优秀的孩子就必定是毁灭的反面，这听起来让人相当振奋。

着眼于具体任务，找到自己的独特使命

在探讨了有意义的行为的例子之后，我们可以问，它们有什么共同之处，以及这一共同之处是如何与痛苦关联在一起的。在深入探讨之前，我们需要做一个重要的区分。

在《西西弗斯神话》（*Myth of Sisyphus*）中，阿尔贝·加缪（Albert Camus）写到，严肃的哲学问题[21]只有一个，那就是自杀。在加缪看来，这之所以是个哲学问题，是因为它与人生是否值得一过有关，而这就涉及了人生意义这个最要紧的问题。

然而，加缪并没有说，至少不应该说，只有对人生意义的问题有了清晰明确的答案，人们才能活下去。我家里有一些长辈，曾经或者正在过着富足的生活，如果你问他们关于人生意义的问题，他们会嗤之以鼻。确实，你可以从不思考这一问题，这不妨碍你过上有意义的人生。

关于这一点，不是所有人都同意我的看法。在有些哲学家看来，为了过上有意义的人生，就必须要探明人生的意义。凯西·伍德林（Casey Woodling）写道："我们应通过评价和反思自己的人生，通过从日常生活中抽离出来，以不同的方式思考人生，来发现人生的意义或价值。如果一个人不这么做，那么他的人生就没有意义或价值……这近似于苏格拉底的那句名言：未经审视的人生不值得过[22]。我会斗胆说，未经审视的人生没有意义。"

我完全赞成对人生进行反省的做法，但上述提法未免过头了。假设有如下两个人。简参与了有难度却很重要的项目，她有一个大家庭和很多朋友，她的工作可以让这个世界变得更好，但她从未花时间审视过自己的人生，也许这只是因为她太忙了。相反，莫伊拉靠着父亲的遗产过活，她整日酗酒、沉溺于网络。不过，在看完网上的仇恨言论后，她会花时间思考自己的人生，评判其价值并反思。

伍德林会说，简的人生不如莫伊拉的人生有意义，虽然多数人会认为简的行为是有意义和价值的。依我个人的拙见，伍德林的看法是站不住脚的。**至少从某种程度上讲，有意义的人生与一个人做了什么以及如何影响他人有关。**

因此，我不像有些学者那样关心有多少人在思考人生意义。埃米利·伊斯法哈尼·史密斯谈到了"美国大学新生调查"[23]，发现在 20

世纪 60 年代末，有 86% 的受访者表示，发展一套有意义的人生的哲学"至关重要"或者"非常重要"，而在 21 世纪初，这一比例降到了 40%。她为此感到失望，将其视为糟糕的信号。我不这么认为。这也许反映了人们对有意义的人生缺乏兴趣，不太想过这样的人生。但也有可能今天的年轻人不那么自以为是，选择把更多的精力花在谋求生存上，没有时间思考自己的人生意义。我有很多哲学家朋友，其中一些人总在思考与人生意义和目的有关的深刻问题。我很喜欢哲学家，但我仍然要说，这些思考人生意义的哲学家的为人似乎并不比我认识的其他人更好，我也不太确定他们的人生是否比其他人过得更有意义。

这里想要表达的核心观点是，**不知道甚至没考虑过自己一直在寻找或者思考人生意义，并不妨碍你过上有意义的人生**。打个比方，假如我正在写一本推广健身的书。尽管锻炼总是一件让人望而生畏的事，人们倾向于把空闲时间花在上网、吃零食上，但走路、跑步、骑车、举重会带来各种长期的好处，无论是身体上的还是心理上的。为了验证我的观点，我会引用相关研究文献，表明健身会让人变得更健康，对人们大有裨益。

但这些都不意味着经常健身的人需要一套清晰明确的健身理论。也许他们并不知道健身对他们有好处，或者他们并不认为他们所钟爱的活动应该被称为"健身"，或者他们从来就没想过健身的好处。

因此，人生的意义也与此类似。有些人热衷探寻人生意义，我猜测，这会让他们的人生过得更好。但并不是一定要这么做才能让人生过得有意义。甚至不乏这样的例子，登山爱好者有可能提出登山之于其人生意义的一套完全错误的理论，健身爱好者也有可能提出健身有哪些好处的一套完全错误的理论。

我们正在探讨意义、有意义的追求和有意义的人生。但如果你为寻求"人生的意义为何"这一问题的答案而读本书，那你就选错书了。我十分乐意谈论有意义的人生，也就是那种充满对意义的探寻和有意义的行为的人生。但我不认为这个问题存在唯一的答案。

在此，我想起了道格拉斯·亚当斯（Douglas Adams）。他在《银河系漫游指南》（*The Hitchhiker's Guide to the Galaxy*）中讲述了几百万年前外星人科学家如何发明了一台计算机，用来"为人生、宇宙和万物的终极问题提供答案"。最终，计算机给出的答案是：42。科学家对此感到恼怒。

> "42！"卢恩克沃尔嚷道，"难道这就是你经过 750 万年的运算后展示给我们的结果吗？"
>
> "我非常细致地检查过了，"计算机"深思"说，"这确实就是那个答案。老实说吧，我认为问题出在你们从未弄清楚这些问题本身到底是什么。"
>
> "可这确实是伟大的问题啊！关于生命、宇宙以及一切的终极问题。"卢恩克沃尔号叫起来。
>
> "是的。"深思说，带着一种很享受傻瓜们的骚扰的语气，"可它确切的内容是什么呢？"
>
> 接下来是一阵茫然的沉默。
>
> "嗯，你知道的，这就是一切……一切……"佛格有气无力地说。

　　"正确！"深思说，"所以，只要你们确切地知道问题到底是什么，你们就能理解这个答案的意思。"[24]

　　在亚当斯的小说中，科学家决定继续建造另一台计算机来回答这个问题。但这正是我不同意亚当斯的地方：我不认为这个问题需要一个明确的答案。相反，这个问题类似于"当你起身时，你腿上的皱褶去哪里了"或者哲学家路德维希·维特根斯坦（Ludwig Wittgenstein）提出的"太阳上现在几点了"等问题，它们都不是好问题。

　　如果你试图回答愚蠢的问题，你就会得出不能令人满意的答案。哲学家蒂姆·贝尔（Tim Bale）说："人生的意义就是，人还没死。"[25]他认为，单单活着，人生就有意义了，这就像一位嬉皮士教授给每个不缺勤的学生都打了"A"。我无法想象有人会对这种做法感到满意，它并不比 42 这个答案好多少。另外，还有很多哲学家认为人生没有意义。在我看来，询问人生是否有意义就像是在问，一辆自行车是否患上了抑郁症，答案是它没有。这一回答也许是正确的，但更好的回答是，抑郁症的概念不适用于自行车。自行车不是那种能得抑郁症的东西，就像人生不是那种适合用意义去探讨的领域。

　　在此，我需要对我的观点做一个限制：对有些人而言，"人生的意义为何"是有明确答案的。想想我们是如何使用"意义"这个词的。如果你谈论的是句子、画在沙滩上的一个奇怪的符号、神秘邮件的含义，那你谈论的就是意图（intention）。就此而言，那些相信我们是上帝的造物的人就能"合理地"谈论人生意义，因为人生意义指的是上帝加诸我们身上的意图和计划。事实上，如果你问这些人人生的意义是什么，他们会让你去读原典籍，并且真诚地说：答案全在里面。

　　然而，如果不考虑超自然的造物主，我们就不得不放弃"人生的意义为何"这个问题。弗兰克尔很好地表达了这一点[26]：

　　可以将这个问题与抛给一位国际象棋冠军的问题做一番对比："告诉我，大师，世界上最好的一步棋是哪一步？"事实上，如果抛开某个棋局和对手特定的性情，谈论最好或者较好的走棋是没有意义的。这一逻辑同样适用于人类。人们不应该寻求抽象的人生意义。每个人的人生都有自己独特的天职或使命，需要分解成具体的任务去完成。

何谓有意义的行为

　　我们都有某种直觉，知道有些行为有意义，有些则没有。从本书提到的心理学研究中，我们已经看到，人们能够基于其意义对行为和体验进行评价，也对自己的人生过得是否有意义有清晰的感受。很多人都会同意，帮助穷人能给自己的生活带来意义，而一口气追完某部网剧或者经常酗酒则不然。我们还能理智地谈论有意义的体验，比如，生养小孩，而非谈论不那么有意义的体验，比如，当你以为你已经吃完了所有甜甜圈，结果发现还有一个。

　　拥有做出这种区分的能力使得我们可以采取一种判断方法。让我们将一个混乱而又复杂的课题——对意识的研究作为类比。研究人员可以探究哪种情况下人是有意识的，比如，你现在就是有意识的，也可以探究哪种情况下人是没有意识的，比如，当人处于昏迷状态。研究人员可以探究一个人意识到自己正处于某种体验之中，比如，正在阅读本书，也可以探究一个人意识到自己没处于某种体验之中，比如，当你阅读本书时，你就没有体验到你的脚在鞋子里或者在地板上的感受。当然，我这么一说，你现在就体验到这种感受了，但两秒钟前它很可能没引起你注意。

如果我们想要理解人们对何谓有意义的行为的日常感知，这种方法也是奏效的。我们可以问：是什么将有意义的行为或体验与没有意义的行为或体验区分开来？事实上，已经有很多人做了这类研究。

埃米利·伊斯法哈尼·史密斯曾提到，历史学家和哲学家威尔·杜兰特（Will Durant）于 1932 年出版了《论生命的意义》（*On the Meaning of Life*）一书。在书中，他收集了他那个年代的名人所给出的答案，比如，甘地，美国教育家、活动家玛丽·伍利（Mary Woolley），美国记者、讽刺作家 H. L. 门肯（H. L. Mencken）。50 多年前，《生活》（*Life*）杂志做了同样的事情[27]，给 100 多位有影响力的人物写了信，比如，美国黑人民权行动主义者罗莎·帕克斯（Rosa Parks），美国脱口秀主持人露丝博士（Dr.Ruth），小说家约翰·厄普代克（John Llpdike），美国作家、编辑贝蒂·弗里丹（Betty Friedan）和理查德·尼克松总统，向他们提出了相同的问题。正如我在前文所说，我们应该怀疑"人生意义为何"这一问题是否有单一的答案，而事实上这些著名人物所给出的答案大多指的是何谓有意义的行为，这更接近于我们想要回答的问题本身。

史密斯探讨了这些人物给出的反馈，将他们的答案总结如下：

　　每个人对杜兰特和《生活》杂志的问题的回答都是不同的，反映了人们独特的价值观、体验和个性。然而，还是有一些主题会反复出现。当解释是什么使得他们的人生有意义时，他们会提到与他人建立积极的关系，会谈到花时间做一些值得做的事情，还会提到建构理论或故事，以帮助他们理解自身和世界，他们谈到了失去自我的那种神秘体验。

　　史密斯以上述总结为基础，围绕如下四个主题来撰写其著作《活出意义来》：

　　归属感：与他人联结，建立积极关系。

　　使命：找到值得做的事情。

　　讲故事：用故事让人生变得有条不紊。

　　超越性：失去自我的神秘体验。

　　此外，还有其他相关的建议[28]。基于对心理学文献的梳理，迈克尔·斯蒂格（Michael Steger）在几篇论文中探讨了有意义行为的三个特征，它们与史密斯的提法有相似之处：

　　自洽：合乎理性，能自圆其说。

　　使命：有明确的目标。

　　意义：有益处，有价值，有重要性。

　　在一篇题为《超越边沁：探寻意义》（Beyond Bentham: The Search for Meaning）的文章[29]中，洛温斯坦和尼可拉斯·卡尔森（Niklas Karlsson）给出了自己的有意义行为特征清单，包括：

有使命或目标：找到你想做的事情。

在时间和人际关系中加深对自我的理解：将自我与更广阔的群体或者与过去和未来的世代联结起来。

理解自己的人生：为自己的人生书写故事。

这些特征与其他两个清单上的特征基本重合。

在我提出自己的标准之前，让我们退后一步，想想我们正在探讨什么。我们并非在探讨与我们的想法无关的意义，就好像在树林中发现了一种奇怪的动物，并猜测它的特征。相反，对意义的探寻是一种概念分析。我们知道，人们对意义有自己的直觉判断，而我们正在做的事情则是分析意义的概念，搞清楚它有哪些特征。我们之所以想要这么做，是因为正如人们对意义的定义——有意义的追求和有意义的事件具备真正的价值。

在整合了各种观点之后，我尝试着提出了如下的意义特征，它们主要与有意义的行为有关：

一种有意义的行为是以目标为导向的，这种目标一旦实现，就会对社会产生影响。这通常意味着，它会对他人产生影响。这种行为是生活的重要组成部分，并且具有某种结构——人们可以围绕它讲述故事。它通常与宗教和精神性有关，也与心流有关（这会产生失去自我的体验），还会让你与他人建立亲密关系。它通常被视为一种道德善行。然而，在所有这些特征中，没有哪一个是必不可少的。

　　我同意史密斯的观点，在有意义的追求中，超越性，或者称之为灵性和信仰，很重要。其重要性我将在下一章详尽探讨。然而，超越性不是必不可少的。那些否认存在超越性的人也能做有意义的事情。有些攀登珠峰、领养孩子、在卫国战争中献出自己生命的人可能是坚定的无神论者，不为任何宗教信仰所动。在本书开篇，我引用了格蕾塔·桑伯格的一条 Twitter：

　　　　在我组织学校罢课之前，我整天无精打采，没有朋友，不跟任何人交谈。我只是独坐家中，饮食无度。而这一切如今都过去了，因为我在这个对很多人而言有时显得浅薄和虚无的世界中找到了人生意义。

　　我不知道桑伯格是否认为她的这番话具有灵性元素，但很有可能她不这么认为。她的行动对社会带来的帮助足以使其变得有意义，人们能够感受到它的重要性。

　　史密斯提出的另一个标准是归属感。我的确认为，大多数有意义的行为会让你与他人产生联结。这也符合洛温斯坦和卡尔森的"自我的延伸"的提法。然而，归属感也不是必不可少的。有很多有意义的行为都是独自完成的。亚历克斯·霍诺尔德（Alex Honnold）独自一人徒手攀爬埃尔卡皮坦山（El Capitan）的壮举就是一个绝佳的例子。虽然在攀爬过程中有摄像师跟随他，但这并不是他登山的必要组成部分，他已经成为很多希望独自工作的人的榜样。另一个例子来自数学家安德鲁·怀尔斯（Andrew Wiles），他独自一人花了多年时间证明了费马大定理。在包括我在内的很多人看来，这一工作是有极大价值的，但它不需要太多社交元素。

道德感又如何呢？很多有意义的行为都是有道德的行为。然而并非全部如此，很多人认为攀登珠峰是值得一做的有价值的事情，但我怀疑就连登山者本人也不会把它视为"合乎道德的行为"。

与很多分析者类似，我对有意义行为的定义也强调了其重要性和影响力。不过，这种定义具有内在的模糊性。几乎每个人都会同意，有一些行为没有意义，比如，吃一块曲奇饼干，而另一些行为则是有意义的，比如，将你的一生投身于解决全球饥荒问题。然而，还有很多行为处于这两个极端之间，它们对某些人而言有意义，对另一些人则没有意义。

我们可以再次回到之前探讨过的例子：登山、参战、育儿，看看它们是否符合我们的标准。它们都有一个具有影响力的目标（人们可能认为登山不符合这一标准，但在登山者本人看来并非如此）。它们需要花费很长时间才能完成，并且牵涉一系列事件；它们还有自己的叙事结构。一旦涉及可选标准，它们只符合其中某些，但不符合另一些：它们都有社交属性，有些也具有道德价值（再一次强调，登山的道德价值最低）。尽管我们可以赋予所有这些行为以宗教意义，但并非一定要这么做。

你可能已经注意到，痛苦不在标准之列。然而，考虑到意义涉及对重要的、有影响力的目标的追求，有意义的行为就不可避免地会让人遭遇痛苦、碰到困难、产生焦虑、发生冲突，甚至还会遇到更多糟心的事情。无论一个人选择生养小孩还是参加战争，抑或登山，他都不会希望遭遇痛苦，但痛苦总会在过程中如影随形。

最有意义的体验源自
高度的快乐或高度的痛苦

　　我们在前文探讨了有意义的追求，但其实还存在着有意义的体验。对于后者，评判意义的标准降低了。这些体验可以是负面的，却并不必然涉及实现某个目标。这种体验的重要性在于，它能以某种方式让你发生改变。这种改变可以是深刻的行为，比如，生养小孩；可以是有独特性的和值得回忆的，但不那么深刻的行为；可以是能够讲出一个好故事的行为。与有意义的行为类似，使得体验具有意义的不同因素，只存在程度上的差异。

科学实验室 ————————————————————————————

　　在一项研究中，被试被要求回想自己最重要的体验（在一项研究中，被试要回想过去一年的体验；在另一项研究中，被试要回想过去三个月的体验），并用一段话来对其做出描述，然后对该体验的意义程度打分，从 0 分"没有意义的体验"到 10 分"你拥有过的最有意义的体验"。还有一项研究中，被试要对"你能想象他人拥有过的最有意义的体验"打分。被试还被要求指出该体验在多大程度上令人愉快或者令人痛苦。

　　结果表明，最有意义的事件大都位于两个极端[30]，要么非常令人愉快，要么非常令人痛苦。这些体验对经历者而言都至关重要，并且给他们留下了深刻的印记。

　　洛温斯坦在探讨登山运动时也提到了这一点，他注意到，有些承受了极端痛苦的人会对他们的体验做出最积极的评价。莫里斯·赫佐格（Maurice Herzog）是 1950 年第一批登上尼泊尔安纳普尔纳峰的成员之一，他失去了几根手指以及部分脚趾，但是，他说磨难"给了我已经做到自我实现的男人所拥有的那种自信和平静。它给我的那种少见的快乐是我以前所不屑的，一种新的、美妙的人生已经在我面前铺展开来"。贝克·韦瑟斯（Beck Weathers）在珠峰的暴风雪中待了一夜之后，失去了自己的双手，毁掉了大部分面容。他说："我只是失去了双手，没有失去生命和家庭，这个买卖还是很划算的。"洛温斯坦由此直接得出结论："失去身体的某些部分[31]也许会让行为的意义感增强。"

日常生活中，少有人会选择类似登珠峰那种极端危险的体验，但人们的确会寻求不那么危险的负面体验，部分原因在于这类体验可以给人们带来改变，还因为这类体验在今后是值得回味的。我们想把它们存储在我们的脑海中，然后在将来"消费"（一个奇怪又很贴切的词）它们。正如塞涅卡所说："（有些）难以承受的事情，却是甜蜜的回忆。"有一系列有趣的研究探讨了这个问题。

科学实验室 ──────────────────────────────── THE SWEET SPOT

在其中一项研究中，人们面临这三个选项：第一，你要在布达佩斯李斯特机场滞留 6 小时[32]。第二，你是愿意待在机场看笔记本电脑上的电影，还是愿意在很冷的天气下游览该城市？第三，你正在度假。你是愿意住在佛罗里达的万豪酒店还是愿意住在魁北克的冰雪酒店？

对于每种选项，研究人员会问被试："哪种体验让你记忆更深刻？""哪种体验更舒适？""你会选择哪种体验？"结果表明，更多的被试选择了记忆更深刻的体验，哪怕相对另一种选项该体验的舒适度更差。大多数人表示，他们会游览布达佩斯，或者去住冰雪酒店，哪怕他们当中多数人都能预见待在机场和去佛罗里达会让人更舒适。

另一项研究让一群新的被试只在佛罗里达和魁北克之间做出选择，并说明选择理由。大约 1/3 的人选择了去佛罗里达，理由通常都与快乐有关，会用到诸如"有趣""好玩""舒服"等词汇。选择冰雪酒店的被试则很少提到这些词，而是将这种选择视为获得新的体验的方式，他们给出的解释是，"很有挑战性，但会留下难忘的回忆""寒冷、新奇、令人难忘"。

第三个研究是在纽约时代广场的跨年夜完成的。研究人员采访了已经在寒冷的户外待了几个小时的人，让其中一部分人描述当下的感受："对于今晚到时代广场来迎接新年的选择，你现在感到开心吗？"而让另一部分人站在未来的角度思考并回答问题："10 年后，当你回忆起今晚在时代广场的经历，你会为你的选择感到开心吗？"然后，研究人员告诉被试，"今晚纽约预计会下雪"，问他们是希望午夜的天空清澈干净呢，还是希望午夜下雪。

相比以当下的感受为评判基准的被试，站在未来的角度思考问题的被试更希望下雪。当后者被告知"这是过去 15 年来纽约第一次在新年午夜下雪"时，他们希望下雪的概率更大了，这可能是因为这让它成了一种值得回忆的特殊体验。

前面提到的例子都是人们为了在将来有可供回忆的体验而做出的选择。然而，你也可以从过去的经历中找出有意义的体验。弗兰克尔描述了他和他的狱友在饥饿中受惩罚的情景，他担心有些狱友会选择自杀，于是他对他们谈到了当下（原本情况可能会更糟）和未来（情况会变好）。但这还不够：

> 我不仅谈到了未来及其带给人们的希望，还提到了过去的快乐何以给当下的黑暗带来一线曙光。为了不让自己听上去像是一个牧师在布道，在此我引用一位诗人的诗句："你所体验到的一切，没人能从你身上夺走。"这句话不仅适用于我们的体验，还适用于我们所有的行为。我们拥有的伟大思想，尽管我们遭遇的所有痛苦都发生在过去，但它们不会从我们的脑海中消失，我们可以将它们从记忆中唤起。曾经存在过也是一种存在，也许还是一种最确定的存在。[33]

THE
SWEET
SPOT

第 6 章

痛苦，激发成长的力量

- 文化进化之所以发生，是因为某些社会实践有助于某些社群生存得更长久。

- 受苦能提供不同的视角，以培养我们的共情能力。

- 我们对遥远事件的记忆是不准确的，会倾向于认为自己过去的行为远比真实情况更正面。

在毛里求斯信奉的印度教节日¹上，祭司们会在滚烫的煤炭上行走，用竹扦刺穿自己的脸颊和舌头，以证明自己的信仰清白和虔诚。他们还将铁钩挂在自己的背上和肚子上，这些铁钩被套在几百磅重的两轮车上，然后这些祭司会在炎热的下午花几个小时把两轮车拖到遥远的山顶。

这种痛苦太极端了，宗教中还有很多痛苦程度较低、人们更熟悉的自愿受苦行为，比如，在大斋节、赎罪日、斋月，人们不能进行娱乐活动。所有宗教都有各种行为限制，要求信徒做出"牺牲"，并且全年适用。其中涉及你能吃什么东西，你可以与谁（在何时，以何种方式）发生性行为，但这些还不是全部。如果你知道每个犹太孩子在青少年时期都要参加正统的犹太聚会，你就会知道犹太教义对每件事都有限制。宗教会传布它所提倡的行为，而神的话语则明确表达了拒绝世俗快乐的重要性，以及做出牺牲、承受痛苦的好处。

如果你将本书从开头读到现在，你就会知道类似的自愿受苦行为也会发生在世俗社会。那么自我牺牲和睡眠剥夺呢？长时间的静止和沉默呢？你可以在运动训练和冥想中看到这些现象。痛苦的重要性是理解何谓良好生活的核心所在，这一观点是否得到了抽象的论证？事实上，的确有很多非宗教思想是这么认为的。

然而，如果抛开宗教，探讨自愿受苦就是不完整的。宗教例证了痛苦的社会价值——不是寻求帮助的呼喊，不是陷于困境的青少年的自残行为，而是一种社会黏合剂，是我们在上一章探讨意义的特征时提到的归属感。也许更为重要的是，在与自然界长期而艰苦的斗争中，宗教为人类所遭受的痛苦提供了解释，包括对非自愿受苦的解释。

仪式是社会的黏合剂

仪式是所有宗教的重要组成部分。有些仪式让人痛苦，如文身和割礼。有些则是无害的，甚至还会让人快乐，如唱歌、跳舞、身体彩绘和聚餐。

为什么会存在仪式，这一直是个未解之谜。包括我在内的很多人认为，宗教的心理学根基源自人性的一部分[2]。但这种看法不适用于某些特定的仪式。如果不是生长在宗教家庭，一个两岁的小孩不会自发地前往麦加朝圣，也不会口中念着希伯来文为得到面包而祈祷，这些情况都不会发生。仪式是文化的发明物。

因此，一种更有说服力的解释是文化进化。自然选择发挥作用的方式是，某些基因组有助于某些动物存活下来，而且让它们比其他物种具有更强的繁衍能力。**而文化进化之所以发生，是因为某些社会实践有助于某些社群生存得更长久。**如果社会 A 实践了 X，而社会 B 没有，假若正是因为实践 X 使得社会 A 表现更好，那么你就更有可能看到实践了 X 的社会 A 能延续成百上千年。

一种有用的社会实践可以将人们黏合起来。一旦社会群体中的成员愿意放下自我动机，顾及周围人的需求，这样的社会就会繁盛。这就是宗教在社会层面发挥的一种功能，正如海特所说，"宗教的作用是驯服我们内心的兽性，彰显我们内心的善性"[3]，释放我们的集体道德，而这种道德对于社会而言至关重要。宗教发挥这种社会功能的一种方式就是执行仪式。

某些宗教仪式能产生著名社会学家埃米尔·涂尔干（Émile Durkheim）所谓的"集体欢腾"（collective effervescence），比如，想想在犹太人的婚礼上，人们手挽着手唱歌跳舞的场景。有大量证据表明，这种同步能将人们团结在一起[4]，做到彼此关切。

然而，并非所有宗教仪式都能做到让人们步调一致，比如，令人痛苦的仪式就不行。通常而言，只有少部分人会选择体验痛苦，大多数人会选择观望。不过，这类仪式也能产生一种不同的人际联结，即基于共情的联结。再回想一下毛里求斯的印度教祭司。人类学家迪米特里斯·西加拉塔斯（Dimitris Xygalatas）发现，那些参加了痛苦程度很高的仪式[5]的人会更热爱自己所在的群体，对他人也更热心。他们体验到的痛苦越大，越容易对集体产生归属感。重要的是，不仅仪式的参与者对集体的归属感增强了，而且那些长时间观摩参与者表演的人对集体的归属感也增强了。观摩者表示自己感受到了间接的痛苦，而这种痛苦让他们对集体更亲近了。

仪式不仅对个体所在的群体有益，还对参与其中的个体有益。痛苦的仪式尤其如此：选择参与这样的仪式可以释放勇敢和忠诚的信号及展现美德。西加拉塔斯指出，那些要求把最多的竹扦插进身体以及拉动最重的东西的人大都是年轻人，他们想以这种方式吸引异性。他们大都也是穷人。因为如果你是富人，你会有更好的方式彰显自己的价值。

西加拉塔斯还注意到了这类仪式的危险性。参与者需要决定用多少竹扦，拉多重的东西。显然，一个人拉的东西越多越好，但如果重量太大，你就无法把东西拉到山顶，而这会是一种社交灾难，因为这意味着你在众人面前暴露了自己的弱点，更糟糕的是，这表明神并不喜欢你。

毕竟，参与者做这些事情，是因为他们认为这是神的意思。通常而言，参与者并不首先把仪式视作维系群体稳定和团结的机制。那些在赎罪日禁食的人或者在大斋节不吃甜点的人都会把自己的行为视为遵守教规和上帝的旨意，而不那么虔信的人，则只是出于遵从习俗或者履行家庭义务的考虑。这似乎表明，当其实质性功能被掩盖时，仪式能发挥最大作用。人们很难想象毛里求斯的仪式或者逾越节晚餐可以在如下群体中延续很长时间：该群体中的每个人都知道，仪式除了有助于加强群体团结，别无他用。如果这一点是正确的，那么有意识地用仪式[6]去维系社群就注定会失败，因为出于功利目的，仪式并不会起到团结社群的作用。

有人甚至认为，我们提出有诸神的存在，是为了在执行仪式时有一个说得通的理由，就像在树上画个牛眼是为了激发大家练习箭术。但这种看法有点过激了，你不需要上帝或宗教就能执行仪式，包括痛苦的仪式。比如，在有些巴西柔术馆中，进阶到高段的成员要通过其他成员的考验，被腰带抽打[7]，使得背部和颈部伤痕累累。这被视作一种重要的，甚至具有超越性的体验。

偶尔，类似于你在印度教中看到的仪式也会以当众受虐的其他行为展现出来，虽然它不属于仪式，但确实属于为了向组织表达忠诚和归属的自愿受苦行为。我的儿子告诉我，他参加了大学的滑雪俱乐部。该组织的某些领导职位需要竞争上岗，候选人依次上台，在俱乐部成员面前表明自己要竞聘哪个职位，然后会做一些试图给人留下深刻印象的事情，比如，讲个笑话、做个空翻，诸如此类。在我儿子参加的一次活动中，一位年轻人走上舞台，说他并非真的想要这个职位，只是想知道如果他在舞台上做一些表演，观众是否能接受。观众都同意他表演。

然后，他把手伸进他的书包，拿出 6 个捕鼠夹，将其中 5 个夹在左手的每个手指上，1 个夹在他的舌头上。接着，他拿出一瓶辣椒喷雾，先后喷了一些在他的右眼和左眼。最后，他拿出一块牌子，上面写着"不列颠哥伦比亚大学滑雪俱乐部"，以及一个订书机，他用订书机把牌子钉在了他的胸部。

观众起身欢呼，而俱乐部则专门为他创设了一个新的高级职位。

赋予痛苦意义，
从而在负面体验中更快地康复

本书的主题是探讨和捍卫自愿受苦，以及与此有关的其他问题。但我们又该怎么看待非自愿受苦，以及你不想做的事情呢？比如，在车管所排长队等待、不小心撞到脚趾、遭受背痛、在海啸中失去家园、小孩早亡、受到折磨……这些痛苦都不是你有意选择的，也不是你主动追求有意义的行为、兑现社会承诺、做出道德抉择的副产品，更不是你可以随时叫停的那种痛苦。无论你是否愿意，这类痛苦都在你身上发生了。

以詹姆斯・科斯特洛（James Costello）为例[8]。2013 年 4 月，他在波士顿马拉松比赛终点附近为朋友加油时被炸弹炸伤。科斯特洛浑身都是炸弹碎片，他的胳膊和双腿被严重烧伤。他动了手术，又花了几个月才完全康复。如果故事就此结束，这不过就是一个显而易见的案例：发生了一件糟糕的事情，我们需要学会从这种糟糕的经历中恢复过来。

然而，科斯特洛的故事还没完。他在住院期间爱上了一个名叫克丽丝塔・达戈斯蒂诺（Krista D'Agostino）的护士，并且与她订了婚。随后，科斯特洛在 Facebook 上发了一张有关戒指的照片，写道："我现在终于明白，为什么我会遭此不幸，这都是为了让我遇到我最好的伴侣，我一生的挚爱。"

以这种方式看待非自愿受苦是非同寻常的。正如那句俗语所说：

"凡事皆有原因。"如果我们在搜索网站和社交媒体上搜这句话，就会发现它无处不在。没准儿，这话你每天也会对自己说上一两次。

或许以这种方式看待痛苦是对的。吉尔伯特探讨过"心理免疫系统"（psychological immune system）。它是心智的一部分，通过赋予痛苦以意义，让我们从负面体验中康复。莫里斯·比卡姆（Moreese Bickham）没有犯罪，却在路易斯安那州监狱服刑了 37 年。当他讲述这段经历时，他说："我没有一分钟后悔，这是一段荣耀的体验。"[9]我们还可以回想起上一章洛温斯坦对可怕的登山事故的描述：一位登山者失去了几根手指和脚趾，并说，"一种新的、美妙的人生已经在我面前铺展开来"。还有一个人说，"我只是失去了双手，没有失去生命和家庭，这个买卖还是很划算的"。

一旦寻找类似的例子，你就会发现它们无处不在。我的朋友兼同事桑托斯主持着一个很棒的关于幸福的播客，她在其中一期采访了一位参加了伊拉克战争的年轻士兵。有个简易爆炸装置炸毁了这位士兵的吉普车，而他当时正在车上。他在医院住了很长时间，最后还是难逃终身残疾。他讲述了很多令人痛心的细节（比如，当他第一次在镜子中看到自己被烧伤的脸颊时的那种感受），你不免会感同身受。

> 桑托斯：你后悔吗？让你再去参战，你会去吗？
>
> 马丁内斯：不，我不后悔，绝对不后悔。[10]
>
> 桑托斯：那么你就有可能再次遭遇爆炸，让自己受伤，接受手术。你愿意再次经历这一切吗？
>
> 马丁内斯：是的……我想我没那么倒霉吧。

这些都是鲜活的例子，但它们具有代表性吗？我和我的研究生科尼卡·班纳吉（Konika Banerjee）在几年前写过几篇论文，探讨了人们赋予不同事件以意义[11]的现象有多么普遍。

科学实验室

在一项研究中，我们让被试首先回想自己人生中重要的事件，比如，大学毕业、坠入爱河、孩子出生、亲人去世、罹患重病。我们问他们是否觉得遭遇这些事件是宿命，是不是注定的，它们的发生是否自有其原因以及是否是为了向他们传递信息。我们发现，无论对于负面事件还是正面事件，被试通常会对所有或者大多数这类问题给出肯定的回答，而且这一点通常也适用于那些自称是无神论者的人。在其他研究中，我们还发现，甚至青少年也会带有偏见地相信，所有生活事件的发生一定都有原因，要么"为了传递信息"，要么"为了让人吸取教训"，而且他们比成人更相信凡事皆有原因。

在我们看来，这些研究结论是非常有意思的，因为它们表明，相信命运和因果报应可能是普遍的人性特征。但我们还发现，宗教对于人们如何看待这些事件有巨大的影响。比如，当我们问被试是否相信重大的生活事件是"为了向他们传递信息"，有宗教信仰的人做出肯定回答的比例是没有宗教信仰的人的两倍。类似的差异还出现在诸如"事件是否注定会发生"或者"凡事皆有原因"之类的问题上。

一些宗教具有这种效应并不让人惊讶。正如宗教可以为人生意义提供融贯的答案（我们在上一章探讨过），它也能以多种方式为非自愿受苦提供与之类似的融贯的解释。

　　有些宗教教导人们说，痛苦是有益的自律行为的副产品。基督教传统对痛苦的另一种不同的解释是从信徒与耶稣之间的关系出发的[12]。我们可以在菲律宾发现这类极端例子。每到周五，信奉天主教的忏悔者会把自己钉上十字架。不过，这种解释也有助于让信徒做出非自愿受苦行为。

　　此外，C. S. 刘易斯（C. S. Lewis）提出了痛苦的另一种功用。他担心我们对幸福的生活过于自满和骄傲，而认为只有痛苦才能让我们清醒过来。他用他那极具辨识度的华丽辞藻写道："然而痛苦坚持要介入我们的生活。上帝只会在我们高兴时对我们轻声耳语，在我们遵从良心时鼓励我们，却会在我们痛苦时振聋发聩：正是祂的大嗓门唤醒了这个死气沉沉的世界……揭开了自满的面纱，在我们悖逆的灵魂的城堡中[13]播下了真理的种子。"

　　有人可能会把这些关于痛苦的解释视为某些宗教天然会提供的东西，正如宗教天然就会提供为什么人类会有精神疾病或者会做梦的各种解释。然而，这些解释的重要性或许仍被低估了。当认知科学家谈论宗教的功用时，他们经常说，宗教满足了人们对某些大问题的好奇，比如，它可以告诉我们宇宙是怎么来的，人类和动物是怎么来的。然而，我们并不清楚，这些宏大的形而上问题是否真的是人们最关心的问题。假若人类从来没有提出过宇宙起源的科学理论，我并不会为此感到焦虑，而且我相信多数人也不会。但为痛苦提供合理解释的需求却是更为迫切的，尤其当我们自己遭受痛苦时。我们希望得到承诺，知道我们的遭遇并非毫无意义；我们希望听到，我们的痛苦会有终结的那一天，而且我们还会因为承受了痛苦而受到奖励。

科幻小说家特德·姜（Ted Chiang）在其短篇小说《脐》（Omphalos）中阐述了这一点。来自另一个宇宙的智慧生物发现，他们生活其间的世界有可能是上帝在创造真正的宇宙之前的试验品，最终会被上帝抛弃，换句话说，他们不是上帝的宠儿。故事讲述者以与上帝对话的方式，描述了这一发现在某个人身上产生的效应：

> 麦卡洛博士说："你太天真了，所以你无法理解失去儿子所造成的痛苦。"
> 我告诉他，他是对的，并说我现在意识到为什么这一发现必然让他俩处于尤为困难的境地。
> "你真的这么认为吗？"他问。
> 我把我的猜测告诉了他：能让他的儿子之死变得可以承受的唯一办法是，他知道这是更宏大的计划的一部分。然而，我的主，如果事实上人性不是你所关注的焦点，那么就不会存在这样一种计划，他儿子的死也就毫无意义。[14]

在前世俗时代，非自愿受苦的意义被人们广为接受。在 19 世纪早期，人们发明了乙醚之类的麻醉剂。对现代人而言，这似乎都是绝好的东西。如果你想生活在过去，那就去读读在麻醉剂出现之前的时代关于手术的描述吧。当政论作家 P. J. 奥罗克（P. J. O'Rourke）被问到，现代社会有什么可值得称赞的，他立即回答说："牙科治疗术！"

然而，在麻醉剂刚出现的年代，很多人认为它是一种怪物。美国牙科协会第一任会长威廉·亨利·阿特金森（William Henry Atkinson）

写道："我宁愿没有麻醉剂这种东西！我不认为人类应该逃避上帝希望他们忍受的痛苦。"[15]

我认为这种看法很荒谬，而且我想你也会这么认为。但在那个年代，这种思维方式完全不令人惊奇。我们以生小孩的痛苦为例。我曾从某些母亲那里听说，产痛是生孩子的重要组成部分，无痛分娩会削弱生孩子这一体验的意义感和真实感。

仅仅受苦还不够，要选择有价值的痛苦

有些宗教在解释非自愿受苦方面所做的努力通常能引起信徒的共鸣。这些解释是信徒希望听到的，也十分符合人们希望在最痛苦的事件中找到意义的心理机制。但从其他方面来讲，这些解释是很难被人接受的，因为人们的"心理免疫系统"并不能对所有的痛苦事件免疫。让自愿受苦行为变得令人愉快的诸多特征——这也是本书一直在探讨的内容，在面对非自愿受苦行为时就消失不见了。自愿受苦的快乐可以以游戏的方式体现出来，但人们不会玩不想玩的游戏。被迫参与的游戏算不上游戏。

再以掌控的快乐为例。人们很容易在自愿受苦的行为中感受到这种快乐。刘易斯在《疼痛问题》（*The Problem of Pain*）中论及禁食时谈到了这一点，虽然他的态度颇为不屑："每个人都知道，禁食是一种不同的体验，与无意中错过一顿饭或者因为穷困而一直处于饥饿状

态的那种体验不同。禁食宣告了对抗食欲的意志，其奖赏是由自我掌控和危险的自豪所带来的快乐。"然而，如果你不选择受饿，也就不存在由掌控所带来的快乐。

接下来就要谈到道德。有些宗教经常声称，受苦是道德善行。当自愿受苦是一种道德行为时，这可能是有道理的。但你通常不会因为自己做出的非自愿行为而获得出于道德的称赞。如果我将我的大多数财富赠予穷人，这是一种我会感到满意的"牺牲"。但如果穷人违背我的意愿窃取了我的财富，我就无法因此说我是侠义之士。

不过，人们还是能通过看待非自愿受苦的方式彰显美德。**面对痛苦时表现出坚韧和勇敢而非过度抱怨，不试图把自己的责任推卸给别人，这是一种道义之举。**在其他情况下，表达痛苦也可以彰显道德情感。1755 年，英国出版了一位匿名作者的小册子，标题是《人类：提升的报告》（*Man:A Paper for Ennobling the Species*），其中提出了很多关于如何提升人类道德水准的建议，其中一个建议是，所谓的"道德哭泣"（moral weeping）[16] 行为是有益的："生理哭泣取决于身体的反应机制，而大脑中找不到与之完全对应的概念，心里真实的伤感情绪也并不必然引发生理哭泣，但道德哭泣则始于并总是伴随着大脑中的真实情绪和心里的感受，它是人性荣耀的体现，而错误的哭泣则总是会贬损这种荣耀。"

有时流泪是人们做出的正确反应。我有一个熟人，在妻子患癌去世后的几个月里患上了抑郁症。随着时间的推移，有几个人建议他去寻求帮助，比如，找一个心理医生看看，或者让医生开一些抗抑郁药物。结果他拒绝了，凡是认识他的人对此都不感到奇怪。他可能会在将来寻求帮助，但当下他觉得自己的悲伤是很正常的，是哀悼逝者的恰当反应，不让他沉浸在这种悲痛中反而是错误的做法。我不确信我是否认同他的态度，但显然，如果我的亲人刚刚去世，我也不太可能马上就出去找各种乐子。这不仅是因为这种做法在他人看来是很怪异的，还因为它在道德上是错误的。

在谈到生小孩所面临的风险时，扎迪·史密斯引用了英国后现代主义小说家朱利安·巴恩斯（Julian Barnes）的话，后者向她提到了他收到一封安慰信时的反应："痛苦的分量与其价值的分量相当。"[17] **痛苦可以被视为对价值的恰当承认。**

我们对痛苦和良善之间的关系的某些看法是不理性的。1994 年，丹尼尔·帕洛塔（Daniel Pallotta）创立了慈善机构"帕洛塔团队"（Pallotta TeamWorks）[18]，为治疗诸如艾滋病和乳腺癌等疾病的研发项目筹集资金。在 9 年时间内，该机构的募资超过了 3 亿美元。但该机构并非真正的慈善机构，帕洛塔每年要从募资中提走大约 40 万美元。当他的行为被揭露出来时，人们震惊了。相关机构被迫停止与他合作，最终他的机构停止了。

科学实验室 ——————— THE SWEET SPOT

这一事件让我的两个同事乔治·纽曼（George Newman）和戴立安·凯恩（Daylian Cain）产生了兴趣，他们决定研究"被玷污的利他主义"（tainted altruism）[19]——这是一种打了折扣的利他行为，尽管它能让世界变得更好，但也能让从事这种行为的人获取个人利益。在他们的一项研究中，被试会读到一个故事：一位男士为了赢得一位女士的芳心，每周会花几个小时在她工作的地方当志愿者。有些被试被告知，女士工作的场所是流浪汉收容所，并且研究人员还强调，尽管这位男士是出于自利的考虑去当志愿者，但这份工作他干得很不错。另一些被试则被告知，工作场所是咖啡馆。结果表明，当那位男士在收容所做志愿者时，被试对其评价更糟。与帕洛塔的案例类似，他们还发现，被试对慈善机构赚钱的评价要比对公司赚钱的评价更苛刻。

我们希望我们的善行不要被自利的快乐所玷污，但这与我们倾向于将善行与痛苦关联起来的想法还不完全一样，虽然有证据证实这种想法。以冰桶挑战为例，这是在社交媒体上极为流行的一项运动，鼓励人们将冰水倒在自己头上，以支持对肌萎缩侧索硬化的研究。在实验中，如果被试预计将为这项慈善事业忍受痛苦——所谓的"殉难效应"（martyrdom effect），他们就会倾向于付出更多。如果某个行为不会给自己造成痛苦，它就有可能不是良善之举，于是当我们行善时，我们愿意，事实上甚至渴望体验痛苦。这也是成熟的慈善机构会赞助步行马拉松和跑步马拉松，而不是赞助集体按摩和沙滩派对的原因。

这里，我将指出其中的复杂之处。**只有受苦是不够的，痛苦必须是有意义的。**克里斯多夫·奥利奥拉（Christophe Olivola）和艾尔达·沙菲尔（Eldar Shafir）为此提供了例证。假设你有一个朋友，她生病了，无力打扫自己的家[20]。你去她家做客，她正在另一个房间休息，你决定给她一个惊喜，帮她将水槽中堆得老高的碗洗了。你擦、洗、冲、抹干，花了一个小时才做完。在你洗完最后一个碗后，你的朋友走进了厨房，发现水槽很干净。这真是一个美妙的时刻。看看你为她做了些什么！即便你离开她家，而她并不知道这一切是你做的，你也会对自己感到满意。

但想象你的朋友现在说，厨房有一台全新的洗碗机，如果你看到它了，就会用它来洗碗，你会花更少的精力和时间，得到同样的效果。奥利奥拉和沙菲尔认为，此时你的满意感会减少。

他们通过实验验证了这一观点。如果你问一群被试，他们在参加慈善活动时是否愿意参加 5 公里跑步（令人痛苦），再问另一群被试，他们在参加同样的慈善活动时是否愿意参加野餐（令人快乐），第一组被试更有可能做出肯定回答。这就是"殉难效应"。但当被要求只能在两个选项——5 公里跑和野餐中选一个时，被试更倾向于选择野餐。他们可能会认为，既然野餐与跑步的效果一样好，就没必要给自己增加额外的痛苦。**研究人员因此指出，我们并非简单地"倾向痛苦的仁慈"，相反，痛苦需要有价值，并与积极的结果一样被视为必不可少。**

适度的痛苦能提高韧性和共情水平

前文已经探讨了我们是否认为非自愿受苦对我们有好处，它能否为我们提供有价值的教导，让德性得到升华，成为道德善举。那么，非自愿受苦真的对我们有好处吗？它真的可以让我们变得更有韧性，成为更好的人吗？

很多人是这么认为的。作为例证，我在此引用美国首席大法官约翰·罗伯茨（John Roberts）在 2017 年的一场毕业演讲中的一段话[21]：

> 通常，毕业典礼的演讲嘉宾都会祝你好运并送上祝福。但我不会这样做，让我来告诉你为什么。在未来的很多年中，我希望你被不公正地对待，唯有如此，你才会真正懂得公正的价值。我希望你遭受背叛，唯有如此，你才会领悟忠诚之重要。抱歉地说，我会祝福你时常感到孤独，唯有如此，你才不会把良朋益友视为人生中的理所当然。我祝福你人生旅途中时常运气不佳，唯有如此，你才能意识到概率和机遇在人生中扮演的角色，进而理解你的成功并不完全是命中注定，而别人的失败也不是天经地义。

在罗伯茨看来，受苦能提供不同的视角，以培养我们的共情力。一种相关的观点认为，受苦能塑造韧性，用纳西姆·塔勒布（Nassim Taleb）的话说，它会使人"反脆弱"[22]。尼采的一句名言也表达了同样的意思："那些杀不死我们的，将使我们变得更强大。"巴斯蒂安用更专业的术语说道："拥有健康心理的关键在于压力暴露（exposure）。"[23]

科学实验室

相关研究支持了这一观点。马克·西里（Mark Seery）及其同事做了一个实验：被试先拿到一张写有 37 个负面生活事件（包括身体受到攻击、所爱的人去世等）的清单，勾出有哪些事件是他们经历过的。然后，被试将双手放进冰冷的

水中 [24]，并回答一系列问题，比如，这种痛苦程度如何，它是否让你的情绪变得更糟了，你是否倾向于将其"灾难化"（catastrophizing）——这意味着被试会同意"我认为这种痛苦让我无法承受"之类的陈述。研究人员还将计量被试的双手会在水中浸泡多长时间。

这些被试所经历的负面事件数量为 0 ～ 19 件，有 7.5% 的被试表示从未经历过这些事件。这些人是幸运儿吗？也许不是。数据曲线呈现出倒 U 形，将痛苦应对得最好的人是那些面临适度压力的人，相对而言，那些一贯顺风顺水的人在痛苦面前则没那么坚韧。

研究人员还用不同的方法做了第二个实验，这次不是让被试的双手浸泡在冷水中。被试要解决一个计算机故障，而且被告知这是一项重要的非言语智力测试。被试的压力不由问卷调查来评估，而是由一系列包括心率在内的生理指标来衡量。结果是一样的：对痛苦做出最佳回应的被试不是那些生活中毫无压力的人，也不是压力极大的人，而是位于中间的人，他们处在甜蜜点上。

德斯迪诺及其同事也做过类似的研究，这次他们针对的是友善行为 [25]。与前面提到的研究一样，他们问被试在生活中经历过多少负面事件。研究人员做了所谓的"同情心意向"（dispositional compassion）测试，用标准量表来评估被试对 5 句话的认可程度，比如，"照顾弱者是很重要的行为""看到某人受伤或需要帮助时，我有强烈的愿望去照顾他们"。最后，研究人员还给了被试一个机会，让他们根据自己的意愿，决定是否真的为慈善事业捐出一笔钱。结果表明，过往经历越多负面事件的人 [26]，其在同情心表达和捐钱方面做得越好。这与其他研究结论相符，即经历过更多压力和困境的穷人在各个维度都显示出更高水平的同情心。

我们应该审慎地对待对上述结论。这些效应在统计意义上是真实存在的，但生活中的现实情况更复杂。我们很难将其中的因果关系辨析清楚。有可能存在第三种因素，它既影响你体验某些负面生活事件的倾向，也影响你的韧性和友善度。

不过，就短期而言，有证据表明痛苦对社会有好处。激进派美国作家丽贝卡·索尔尼特（Rebecca Solnit）在其著作《天堂建在地狱中》（*A Paradise Built in Hell*）讲述了各类人群是如何应对灾难的[27]，人们比想象的要友善得多。

她指出，如果你读过霍布斯的著作，就会发现霍布斯坚称，一旦取消外部约束，人们就会降格为野蛮的动物。事实上，索尔尼特说，"你将发现，面对灾难时，主流的人性是坚韧、聪慧、慷慨、同情和勇敢"。

在索尔尼特看来，灾难提供了一个机会。人们不仅要在此时应对自如，还要苦中作乐。这揭示出"灾难经常提供契机，满足人们在日常生活中无法实现的对社群、使命和有意义工作的渴望"。

你可以在实验室看到这类现象。在巴斯蒂安关于把双手放进冰水的一系列实验中，被试还要做单腿深蹲、吃很辣的胡椒粉。他们被分为一个个小组，那些共享了痛苦体验的小组成员[28]觉得彼此关系更亲密，更信任彼此，也更愿意彼此合作。

过度的痛苦会使人戒备和不友善

人们在生活中遭遇一些痛苦可能是件好事，能增强韧性，变得友善，促进团结。但那些尤其痛苦的事件，比如，失去小孩、患上癌症，能对人们产生积极影响吗？我们能像自愿受苦那样从非自愿受苦中受益吗？

坚称糟糕的事件绝不会产生积极影响，这种说法未免夸大其词了。科斯特洛说，波士顿马拉松爆炸事件对他造成的人身伤残大大改善了他的生活，而我们怎么敢说他的感受是错？是的，他的看法可能是一种从糟糕事件中寻求宽慰的心理偏见，但这不意味着他的看法是错的，因为他的确遇到了他的梦中情人。

世间万事多不可测。想象你得了严重的流感，无法飞往伦敦参加你最好的朋友的婚礼。你可能会觉得这是一个很大的损失，但如果你真的带病去了，第二天早上开心但身体难受的你摇晃着走出酒店，试图穿过街道，你习惯性地往左而非往右观察驶来的车流，结果被一辆全部游客都在顶层的双层巴士撞了。因此，流感可能救了你的命。你可能听说过一个中国的故事 [29]：

> 有一个老农夫耕种庄稼许多年。一天，他的马儿跑了。听说这个消息，他的邻居来拜访他。他们同情地说："这真是太不走运了"。农夫回答说："也许吧。"
> 第二天早上，马儿回来了，带着其他三匹野马。邻居欢呼道："真是太幸运了。"老农夫回答说："也许吧。"

又过了一天，农夫的儿子试图骑其中一匹野马，结果被甩了下来，摔断了一条腿。邻居又来对农夫的遭遇表示同情。农夫回答说："也许吧。"

又过了一天，军官来到村里招募年轻人参军。看到农夫的儿子腿断了，就没让他参军。邻居们恭喜农夫真是因祸得福，农夫回答说："也许吧。"

然而，那些探讨负面事件的改变力量的人并非止步于阐述这个世界的不可预知，而是进一步指出，看上去糟糕的事件可能也对人们有积极的影响。他们希望得出更有力的结论，表明至少对有些人而言，他们天生就有这样的能力，将坏事变成好事。

我认为，我们应该在这个问题上保持开放的心态。但正如休谟所说，我还认为，"极端的断言需要有极为可靠的证据"，而负面事件对人有积极影响确实是一个极端的断言。

通常而言，如果有一个罪犯被判死刑，提倡废除死刑的人就会谈到这个罪犯的人生有多么艰难，会讲述罪犯的童年受到了可怕的虐待，长大后又受到了残忍的对待。他们试图证明，这些经历和痛苦一定程度上毁掉了罪犯，我们应该对此表示怜悯。这一论证是否站得住脚，取决于你如何看待死刑、道德责任和宽恕，但该论证所采用的方式是没问题的：人们意识到，可怕的人生能让人变坏。没人会在了解过这位罪犯的经历之后说："好吧，这就更不应该判死刑了，因为这些糟糕的经历应该会让这个人变得比我们更友善、更有韧性！"这种回应绝对是讲不通的。

　　糟糕的经历会让我们受伤，让我们更痛苦、更恐惧、更戒备、更不友善。痛苦的经历有时会给人们造成创伤，让人患上创伤后应激障碍。当然，人是有韧性的[30]，并且随着时间推移，甚至能在经历创伤后变得心理更健康。然而，这些经历仍是负面的。

　　当我写这本书时，我一直在设法提供参考读物。不过，为受强奸或受折磨会造成心理伤害这一断言提供经验证据则是一件很奇怪的事情，这就好比被车撞了会伤害身体这一断言也需要被证明。

　　有些人会反驳我前面提出的那些怀疑论。尤其，有些学者对所谓"利他主义源自痛苦"[31]的可能性感兴趣。这种观点认为，遭受了痛苦的人通常有动力去帮助他人，这是因为他们有过相同的经历，而非出于他们乐于助人的天性。需要强调的是，这里所探讨的痛苦经历主要指由他人造成的痛苦，比如，被人忽视、受到人身攻击、受到性侵、受到折磨，等等。

　　人们经常以这种方式看待自己的友善态度。在最近的一篇评论文章中，心理学家约翰娜·沃尔哈特（Johanna Vollhardt）提供了这个方面的诸多例子：脊椎受损或者中风的患者说自己特别愿意帮助患同一种病的人；一位母亲创建了名叫"反对醉驾的母亲们"（Mothers Against Drunk Driving）的组织，因为她的儿子被一位醉驾司机驾驶的车撞死了；等等。

　　沃尔哈特为痛苦造成的这种效应提供了几种解释。帮助他人可能会转移受苦者自己的痛苦，甚至可能让他们感到振奋。帮助他人可能会让受苦者以不同方式看待痛苦，因为当你与跟你的遭遇相同甚至更糟的人互动时，你自身的痛苦可能就显得不那么令人心痛了。这种做法可能还会让你感到更有能力，能更好地让你融入社群。

最重要的是，根据弗兰克尔的说法，帮助他人会让你的痛苦显得更有意义和价值，让你的痛苦拥有使命感。如下两种情形存在巨大区别：这件糟糕的事情发生了，我很痛苦，如此而已；这件糟糕的事情发生了，我很痛苦，但正因如此，我希望能帮到他人，给社会带来积极的影响。

从理论上讲，所有这些解释都成立。但几乎没有真正的证据表明，遭遇了痛苦的自己会比没有遭遇痛苦的自己变得更友善。很多支持这一论点的研究只有很小的样本，有些只包括针对个人的案例研究。这些研究通常依赖于自我陈述，而非某种客观的衡量。

比如，一项研究采访了 100 位第二次世界大战期间的大屠杀幸存者，大多数受访者描述了他们在集中营是如何帮助他人的，如提供食物和衣服。但我们能从这些故事中得出什么结论呢？**即便我们并非天生就倾向于高估我们所做出的善行，我们对遥远事件的记忆的确也是不准确的，我们会倾向于认为自己过去的行为远比真实情况更正面。**

最重要的是，这些研究很少有控制组。比如，你知道很多经历过小孩早亡的人都会做善事，但如果他们没有遇到这样的悲剧，他们会怎么做呢？又有多少经历过小孩早亡的人过上了避世的生活，变得冷酷且不友善，或者他们被这一悲剧伤害得如此之深，以至于无法成为他人的积极榜样呢？

合作与社会支持：
将痛苦转化为成长力量的关键

　　我们又应怎样看待痛苦所塑造的韧性和坚强呢？前文已经阐述了在实验室所做的一些研究，表明某种程度的人生痛苦会让人变得更具韧性。但真实世界的情况又如何呢？

　　这正是安东尼·曼西尼（Anthony Mancini）及其同事的研究课题。他们利用了悲剧事件的优势，以"自然实验"（natural experiment）的方式 [32] 来探索创伤效应（effects of trauma）。我将花些篇幅来描述这项研究，因为它很重要，很有名，也很有趣，还因为当问及这类问题时，它展现了这项研究本身具有的缺陷。

科学实验室 ——————————— THE SWEET SPOT

　　2007 年，弗吉尼亚理工学院（Virginia Polytechnic Institute）一位患有精神病的学生走进学生宿舍，枪杀了 32 个人，伤及 25 个人。这场屠杀持续了两个多小时。当时，学校正在做一项关于女性的研究（与性侵有关），曼西尼及其同事在案发前就获得了所有类型的心理数据。惨案发生后，他们将案发前与案发后的数据进行对比。他们已经从 368 名女性那里获得了数据，随后又分别在枪击案发生后的两个月、六个月和一年内获得了更多的数据。

　　让我们来看看被试患上抑郁症的比例：有 56% 的人在枪击案发生之前和之后都没有抑郁症；8% 的人则相反，在枪击案发生之前和之后都处于抑郁状态；有 23% 的人随着时间推移情况变糟了，他们在案发之前没有患抑郁症，但在案发后患了抑郁症；最令研究人员惊讶的是，还有 13% 的人在案发前处于抑郁状态，案发后病情有所改善。患焦虑症的比例与抑郁症类似，不过，只有 7% 的人病情有所改善。

我们该如何解释病情有所改善的案例呢？曼西尼及其同事认为，它来自案发后被试得到的人际支持。无论是针对枪击案造成的创伤还是针对生活中面临的其他问题，所有这些爱、关心和治疗最终帮到了处于抑郁和焦虑中的学生。曼西尼及其同事指出，类似枪击这样的事件有一个特点："群体创伤的一个关键方面在于，它会立刻给很多人造成痛苦，因此可以大范围研究人们相互之间的支持与合作行为。"这与如被强奸、受攻击之类的无法得到社群支持的个人创伤不同，事实上个人创伤还有可能让受害者觉得被孤立和疏远。

上述解释都颇有道理，但我们还是需要关注几个问题。

首先，研究人员报告的数据有可能高估了经历创伤事件带来的好处。枪击事件发生后，很多被试即便得到了奖励，也没填完调查问卷，这些奖励包括礼品卡、以他们的名字做慈善捐赠、被赠予有可能获得巨款的彩票。此外，受到枪击事件伤害的人填完问卷的可能性较小。所以，研究结果高估了事件的正面效应。

当我们忽略没有填完问卷的被试，我们就有可能犯"幸存者偏差"（survivorship bias）错误 [33]。阐述这一偏差最好的例子当属第二次世界大战期间英国皇家空军的故事。他们想为飞机加上防弹钢板，以保护飞行员的安全，但他们还想让飞机重量最小化，于是他们只能给最有必要的飞机部位加上防弹钢板。美国海军分析中心（The Center of Naval Analyses）检查了从战斗中返回的飞机，查看了弹孔在哪些位置，发现有些部位最容易被击中，并建议应该把钢板安装在那里。当我读到故事的这个部分时，我认为这一分析完全站得住脚。

这意味着我没有统计学家亚伯拉罕·沃尔德（Abraham Wald）聪明，因为他告诉英国皇家空军，这一分析逻辑是错误的。他们检查的是成功返航的飞机，这意味着飞机的某些部位满是弹坑并非坏事。应该在其他部位安装钢板，因为很显然，如果其他部位被击中，飞机甚至没法安全返航。

这一逻辑可以适用于诸多领域。假设你开设了一门心理学研究生课程，但很多学生缺课。你在期末时发现，那些学得最吃力的学生是统计学学得很差的学生，于是你决定将提升这些学生的统计分析能力作为最优先的事项。但这一决定是错误的，其逻辑相当于把防弹钢板安装在返航的飞机的中弹部位。你应该做出相反的推论：显然，统计学学得很差的学生也能坚持把课上完，这说明统计分析能力根本不是决定能否学好这门课的最重要的因素。

当我们通过研究经历了痛苦事件的人，并考察他们的应对方式来探究痛苦事件带来的影响时，这一逻辑问题变得尤其明显。我们通常会忽略在医院、在精神病院和监狱里的受害者，也肯定会忽略不愿意或者没有能力参与心理研究的人群。所有这些情况都是不可避免的。但只要我们知道存在"幸存者偏差"效应，并意识到，一旦忽略受伤害程度最大的人群，我们就会夸大某项体验的正面效应，那么我们就能避免犯这类错误。

　　此外，弗吉尼亚理工学院的研究还缺少控制组，没有将未经历枪击案的人群作为对照。在当时的情况下出现这一缺陷，我们对此是可以理解的，但这意味着我们不知道，如果枪击事件从未发生，这些女性会如何。有些大学生患有抑郁症，这并不令人惊讶，有些大学生的抑郁症在枪击案后的一段时间得以缓解同样不值得大惊小怪。不妨想一下，无论是否发生枪击案，每 8 个大学生中有一个显示抑郁症得以缓解，这一结论真的就那么不同寻常吗？

　　假设我们的质疑是错的，再假设如果没有群体创伤就不会有一小群学生的抑郁症得到缓解，并且该研究也考虑了"幸存者偏差"效应。即便如此，曼西尼及其同事的理论也只不过证明了，并非创伤事件本身导致了心理问题的改善，而是与该事件有关的社会服务、所有的爱和关心导致了这一结果。假设你遭遇了一场不严重的车祸，然后去医院治疗。同时，作为治疗方案的一部分，你开始更经常健身，吃得更好，将自己照顾得更好，但这并不意味着是车祸让你的身体变得更好了。

　　因此，对该研究结论的正确解读应该是，它表明社会支持能为患有抑郁症和焦虑症的学生带来帮助。群体枪击案发生后少数人心理问题的改善要归因于社会支持，而这种支持碰巧是由枪击案带来的。

　　有些研究人员对创伤后成长（post-traumatic growth）[34] 感兴趣，即认为痛苦事件会带来人们整体上的积极改变。但这与我们刚才着重讨论的抑郁和焦虑等心理问题的改善有所不同，也与未受精神伤害的那种韧性不同。创伤后成长意味着改进（improvement）。正如这一理论的提出者之一、心理学家理查德·特德斯奇（Richard Tedeschi）所说："人们会对自己、对自己所生活的世界、对如何与他人相处、对自己可能面临的未来产生新的认知，也会对如何度过这一生有更好的理解。"[35]

人们常在 5 个领域寻求改进[36]：

- 理解人生；
- 与他人相处；
- 人生新的可能性；
- 个人能力；
- 精神上的变化。

有很多人声称自己在遭遇创伤后得到了成长。或许你也有类似的体会，即某个负面经历让你对人生有了更好的理解，改进了你与他人的关系，让你找到了信仰，等等。有些人可能会对前述例子的说服力持怀疑态度，毕竟，如果我们天生就倾向于看到事情积极的一面，那么听闻这些轶事就再正常不过了，无论它们是真还是假。然而，如果有人不相信创伤有时的确能为个人带来积极的转变，那就太愚蠢了。

另外，人们可以不相信存在着一种创伤后成长的普遍过程。让我们看看一篇题为《成长需要经历痛苦吗？对真实的创伤后成长和亢奋后成长的系统性评估和元分析》（*Does Growth Require Suffering? A Systematic Review and Meta-Analysis on Genuine Posttraumatic and*

Postecstatic Growth）的元分析论文[37]，其中得出了三个主要结论：

第一，有一些前瞻性研究收集了创伤事件发生前后的数据，这些证据表明，在创伤事件发生后，受害者在自尊、积极关系和掌控力方面有所改进，但在人生意义和灵性体验方面没有得到成长。

第二，无论是在重大的正面生活事件还是负面生活事件发生之后，这些正面效应都存在，并且强度是一样的。

第三，这些效应可能与事件本身无关。很多研究没有设置控制组，没有将人们经历了正面或负面事件之后所发生的情况与没有经历相同事件所发生的情况进行比较。当该论文的作者考察设置了控制组的研究项目时，他们发现，大多数研究都没能显示类似效应。换句话说，被试倾向于认为，在经历了重大事件后，他们的人生变得更好了，但他们还认为，即便没有经历重大事件，他们也会在同一时期变得更好。

再次强调，没人否认可怕的事件会让受害者做出积极的个人改变。但是，美好的事件也能带来积极的个人改变，或许在很多时候，不经历重大事件也能带来积极的个人改变。

本书一直在探讨自愿受苦的重要性，以及它在获得快乐和意义方面扮演的角色，我将在下一章进一步探讨这个问题。但在这里，我对非自愿受苦的评价并不那么积极。我们试图讲述关于非自愿受苦价值的故事，这类故事有些可能蕴含了真相，比如，我们已经看到了一些证据，表明人生经历一些痛苦事件的确可以让人变得更友善，更有韧性。试图在损失和痛苦中发现其积极的一面，这种做法在心理学上或许是有用的，然而常识也是正确的：我们是聪明的动物，试图让自己避免患上癌症、避免遭遇枪击事件、避免孩子早亡，以及避免其他可怕的事情。

　　毕竟，即便痛苦的确能带来好处，也应该考虑到很有可能出现的情况是，无论你做什么，你都能获得这些好处，以及你想要获得的其他好处。或许，你没必要通过承受痛苦去获得更多的好处。

THE SWEET SPOT

第 7 章

以恰当的方式自愿受苦，
从中发现人生的丰富意义

- 能够获得对周围世界的真知的动物，比不能做到这一点的动物生存能力更强。

- 当真相与利益冲突时，我们会把真相放在第二位，这也是我们经常产生非理性恐惧的原因。

- 世界上并不存在神圣公义或因果报应，只有当个人和社会努力寻求时，人们的生活事件才会以公平和正义的方式发生。

THE SWEET SPOT ————————————————

> 我在散步沉思时有两件奢侈之物：你的爱和我死亡的时
> 刻。啊，我本可以同时拥有两者。我讨厌这世间：它严重摧
> 毁了我的意志自由之翼。我唯愿吻你嘴唇上的毒药，就此死
> 去，也不愿喝下别人的毒药。
>
> ——约翰·济慈《写给范妮·布劳恩的一封信》

"我们终将死去，这对我们而言是件幸事。"[1]理查德·道金斯（Richard Dawkins）写道。毕竟，我们是从远古时代存活下来的物种之一。

我们得感谢我们的祖先。38 亿年来，他们"要有足够的吸引力才能找到配偶，要足够健康才能繁衍，要受到命运和环境足够的眷顾，才能活得够长，从而完成前两件事"。为了生生不息，我们必须成为非凡的物种。然而我们也应该保持谦卑，因为在我们生活的地球上，老鼠、金鱼、蚊子等所有在长达 10 亿年的生存斗争中的幸存者都有可能赢得跟我们一样的胜利。

　　人类天生就能以合作和独立的方式赢得胜利。与很多其他生物类似，人类天生就能感知这个世界。**总体而言，能够获得对周围世界的真知的动物比不能做到这一点的动物生存能力更强**。如果你右边就是悬崖，如果你的部落很讨厌你，如果有动物在咬你的腿，那么知道你将面临何种后果能够有利于你的生存。这正是我们的大脑、眼睛、耳朵和其他感知器官的功能所在。从历史来看，作为人类竞争者的其他灵长类动物正是因为不擅长形成正确的信念，才导致自己没法胜过人类。

　　此外，与其他动物不同，人类还拥有道德感。所有正常人都能做出友善的行为，也有公平正义感，同时也伴随着诸如怨恨、愤怒、渴望复仇之类的道德阴暗面。道德感的存在是有合理性的，使得由大量没有亲属关系的个体能约束自己卑劣且有破坏力的冲动，能为了共同利益团结合作。

　　然而，我们不是完美的物种，用人类学家罗伯特·阿德里（Robert Ardrey）的话说，我们是"堕落的天使，而非升华的猿人"[2]。进化没让我们将学习真知当作目标本身，而是让学习真知服务于生存和繁衍两大目的。因此，我们并不必然知道关于古老过去和遥远未来的真相，也不必然知道关于极小之物（如亚原子粒子）和极大之物（如银河系）的真相。我们尚无法回答关于自由意志、因果关系、意识性质等形而上学问题。从延续人类基因的角度来讲，这些知识是无用的。此外，我们还会受偏见的辖制。**当真相与利益冲突时，我们会把真相放在第二位，这也是我们经常产生非理性恐惧的原因**。不信可以问问那些对蜘蛛和蛇感到恐惧的人。

同样，我们在道德方面也有局限性。我们拥有的道德感是原始人式的，并非生来就能理解种族歧视的非道德性，也并非生来就能以客观视角理解千里之外的儿童的幸福与我自己孩子的幸福同等重要。与关于亚原子粒子的知识类似，掌握客观的道德知识也不是我们大脑进化的目的，因为它没有适应性价值。

然而从某种程度上讲，只有人类做出了一些惊天动地的事情。我们能够超越自身的局限，在科学、技术、哲学、文学、艺术、法律等领域获得进步。我们还提出了《世界人权宣言》(*Universal Declaration of Human Rights*)，登上了月球。我们懂得避孕，违背繁衍的自然之道，以便能够追求其他目标。我们会克服偏爱家人和朋友的生物秉性，把我们的资源（尽管不是全部，但也有一定数量）分给陌生人。

然而，对于这一切，我们的惊叹程度还远远不够。事实上，如下现象的发生是很怪异的：经由进化而来用于认识诸如植物、鸟类、岩石等中等大小的物体的人类大脑，竟然还能理解宇宙起源、量子力学、时间的性质；同样经由进化而来的知道善待亲属，也知道对那些善待我们的陌生人心存感激的人类大脑，竟然还能形成道德规范，从而推动人们为遥远的陌生人做出义举。

有些人认为，这一切都是奇迹。我自己没有宗教信仰，我有可能是你遇到过的最不相信神灵的人。在其他著作中，我也直接驳斥过对道德知识来源的有神论式论证[3]。然而，我不否认人们还是会倾向于做出有神论推断。

我们并非天生就会感到幸福

我们已经谈到了真和善，那么快乐和意义呢？这些能力又是怎样嵌入我们的进化图景的呢？

我们先看一下其他类似的情形。我们的情绪和感受、诗歌节律和蓝调音乐，都是大脑通过自然选择进行进化的产物。当事情进展顺遂时，我们会感到放松；当受到威胁时，我们会感到害怕；我们还会对所爱之人的去世深感悲痛。这些情绪是适应性的，能增加我们生存和繁衍的概率。我们要感谢（或者谴责）达尔文为所有类似现象提出了这样的解释。

关于我们的情绪和感受何以服务于适应性目的的细节问题，我们可以在多如牛毛的进化心理学分析文献和著作中找到答案，其中大多数研究的是与繁衍有关的短期快乐，比如，养育、地位、生殖。不过，像幸福这样的长期情绪也能以同样的方式去解释。正如平克所写：

> 当我们健康、营养充足、舒适、安全、富足、有见识、受尊重、不禁欲、有人爱，我们就会更幸福。与相反的状态相比，对这些状态的追求有利于繁衍。幸福的作用就是利用心智去寻求能产生达尔文式适应性的那些关键因素。当我们不开心时，我们就会去做让我们开心的事；当我们开心时，我们倾向于保持这种状态。[4]

这段话道出了一个真理：我们并非天生就会感到幸福。进化并不想让我们始终处于幸福状态，也不会致力于让我们免受痛苦。**痛苦可以告诉我们，哪里出了问题，从而有利于让情况得到改善。** 悲伤、孤独和羞耻也扮演着类似的角色。

然而，并非所有的负面感受都是有用的。如果我们对慢性疼痛束手无策，那最好还是不要患上慢性疼痛病。此外，考虑到忍受抑郁和焦虑带来的痛苦，我们最好还是将其治愈。有时，我们的负面感受很难与我们当下的生活相适应。正如罗伯特·赖特所说：

> 现代生活充满了不可理喻的情绪反应，除非将这些反应置于人类进化的大背景下去理解。你在公共汽车或飞机上做了一件糗事，虽然你知道你再也不会见到这些目击者，因此他们对你的看法完全无关紧要，但你还是会心神不宁好几个小时。为什么自然选择会让生物体能感受到这种毫无意义的尴尬呢？也许是因为在我们祖先生活的时代，这种感受并非毫无意义。在狩猎采集社会，你几乎总是会在你反复遇到的人面前活动，因此他们对你的看法就很重要了。[3]

进化出岔子的一种方式与之类此，有时被称为"享乐跑步机"（hedonic treadmill）。快乐的增加是短期的。你会为新的体验或事件感到开心，但随着时间推移，你的情绪又会回到之前的状态。第一次亲吻很甜蜜，但亲吻上千次就没那么甜蜜了。这类现象就好比，无论你在跑步机上跑得有多快，但实际上你还是原地不动。这通常被视为一种更普遍的心理真相的一个版本，而我们在本书开篇就探讨了这一点，即我们的大脑会对变化做出回应，但会习惯于现状，变得不敏感。然而，也有可能还有更具体的东西在起作用。能够一直从当下的积极体验中获得快乐的动物可能会因此停止努力，于是它们相对于那些不满足于原地踏步的动物就会处于劣势。一定程度的不安、焦虑和抱负也许已经融入了人类的生存境况，而这种境况大都与社会地位有关，比如，你相对于他人所处的位置和优势。我对我的车很满意，但如果我的邻居有一辆更漂亮的车，我就不那么满意了。

　　在这类情况下，进化的目标（人们惯常使用的比喻性的说法）不是人类的目标。**作为能够思考的动物，进化的目标和排序不是我们应该追求的目标和排序。**比如，我不想生养尽可能多的孩子，我宁愿不在意陌生人如何看待自己，我当然也不希望始终对自己的生活不满意。

　　所幸，我们并不完全受"初始设置"的制约，而是能够改变相关的系统。就像我们可以意识到视力有局限性，所以发明了望远镜；就像我们担心道德感存在偏见，所以建立了公正的司法程序；同样，我们还逐渐对我们天生喜好采用软硬兼施的做法感到沮丧，并试图加以改进。

　　人类对自然选择"指手画脚"有错吗？难道我们不应该做那些进化想让我们做的事情吗？难道我们不应该根据进化让我们形成的感受方式来感受吗？

　　并非如此。这种看法是错误的，因为事情就是这样与事情为何应该这样之间不存在逻辑关系。前面提到的那种推论会得出荒谬的结论，比如，认为一位把自己的精子捐给精子库的普通人的人生比没有小孩的出家人的人生有意义得多，或者认为一位生养众多但虐待孩子（这些孩子存活下来了，也有了自己的孩子）的母亲的人生要比领养并善待孩子的人的人生有意义得多。我无法想象有谁会蠢到认同这些观点。

如今，有些人试图用技术手段影响人们的心智状态，但这种做法是愚蠢和不道德的。进化使得我们已经能从社交、工作、有意义的人际关系等方面获得快乐了，但我们仍然有可能依赖药物和酒精走捷径。也许在未来，人们会过上只有快乐的生活。然而，这是一个错误的人生目标，是对人生的虚度。如果有一种药丸，服用后会让人得精神疾病，并且可能对他人造成伤害，有些人还是会选择服用，因为这能使他们摆脱良心的束缚，为所欲为。尽管从长期来看，服用能摆脱焦虑和悲伤的药丸会让生活变得更糟，但很多人还是禁受不住这种药丸的诱惑。

不过，我们可以采用其他更有效的方法。我在前文引用了赖特的一段话，表明进化如何使我们以非理性的方式应对陌生人对我们的看法。他认为，佛教徒的冥想练习可以给我们带来改变。更笼统地讲，他认为自然选择会影响我们行为的优先顺序，而佛教修习则是对这种排序的反抗。由于进化的存在，我们的行为会受到物欲和激情的驱动；我们会焦虑、上瘾、做出谋划。我们对世界的认知受到了欲望的扭曲和遮蔽，而冥想可能会克服这些缺陷，并因此让我们认识世界本身，放下我执，放弃追求不健康的身外之物。

如今，不论在学术界还是在流行文化中，人们对这种方法抱有极大的热情。我认同，它值得人们对其做更深入的探究，包括对冥想的效果做更多实证性研究。不过，既然看上去没什么人反对它，那我来补足这一点，谈谈对它的批判性看法。

我所关心的是我们与朋友和家人的关系。佛教徒对平静和无欲的追求有很大的道德吸引力。我在《摆脱共情》①一书中提出，诸如共情之类的情绪通常会带来偏见，让人做出非理性和狭隘的举动，因此不适合作为道德行为的良好向导。如果我们能在做决定时延长和拓宽视角，做到我所谓的"理性的同情"（rational compassion），我们的行为就会更合乎理性和道德。在那本书中，我采纳了佛教教义来论证这一观点，就这方面而言，我十分赞同佛学对人们的教诲。

但我也在那本书中回应了一些反驳我的观点，其中一种观点包括亲密关系。理性的同情看上去与成为有爱的父母、朋友和情侣所要求的行为方式相悖⁶。对于你所爱的人，你不应该与他们保持距离，不应该毫无偏私。比如，成为一个好父亲意味着你要优先顾及自己孩子的福祉；意味着更关心、更爱护自己的孩子。

从某种程度上讲，佛教拒斥亲密关系的特殊性，因而失去了亲密关系中的重要东西。当然，我不怀疑佛教徒以及按照佛教教义修行的非佛教徒会关心父母、朋友和爱人。但取决于个人信仰和修行的程度，很多人难以严格遵守佛教的诫命。

---

① 该书提出了关于共情的颠覆性观点以及革命性的决策和行为法则，彻底改写了人们对共情的一贯认知，影响广泛。该书中文简体字版已由湛庐策划、浙江人民出版社出版。——编者注

动机多元论：
一味地寻求快乐，只会适得其反

不管怎样，本书的目标更加克制，我并不认为我们可以超越人性。相反，我正在探讨的是，哪些东西让我们快乐、幸福和圆满，并试图调和痛苦与这些积极情绪之间的关系。我是带着探索和好奇的精神在进行探讨，试图理解人性的某些方面。但这些探索会有一些实践意义，可以提供有关我们该如何过上良好生活的建议。

其中一个建议把我们带回到了动机多元论。在快乐和意义、享乐和幸福之间存在着一种典型的对比。我们应该作何选择？事实上，我们可以同时拥有两者。相关研究得出的结论甚至更有力：同时拥有快乐和有意义的人生不但不冲突，两者还具有相关性[7]，即快乐的人更有可能表示自己的人生是有意义的，而认为自己的人生有意义的人更有可能表示自己很快乐。

科学实验室 ——————————————— THE SWEET SPOT

有一系列研究考察了快乐和意义的关系[8]。研究人员让大学生要么尝试新的快乐的体验，要么尝试新的有意义的体验。快乐的行为包括睡眠充足、购物、看电影、吃甜点。有意义的行为包括帮助他人、花时间反省、与某人来一场有意义的对话。

研究人员发现，这两类行为都有积极效应。那些表示自己的人生充满意义的学生在做出快乐的行为后，心情更好了，忧虑更少了；那些表示自己的人生充满快乐的学生在做出有意义的行为后，认为"体验得到了更大的升华"。当这些学生被要求做这两类行为时，他们获得了更大的益处。正如研究人员所总结的："考虑到我们预计有意义的行为和快乐的行为都能对人生福祉做出贡献，而且我们从未发现两者是相互排斥的，于是我们预计两者的结合能带来更大的福祉。我们发现研究数据支持这一预测。在最具代表性的福祉指标中，同时追求意义和享乐的被试要比什么都不追求的被试体现出更高的福祉水平。"

不过，我们应该对于这一结论保持审慎态度。这些效应还不够强烈，并且研究对象是大学生，而非更广泛的人群。但它与我们已知的其他研究结论是吻合的。一旦谈及快乐和意义，我们就可以搬出老式淡啤酒商业广告牌上的文字了："你可以全部拥有！"

然而，这样也可能把事情搞砸。如果动机多元论是正确的，那么只专注于一种动机就会导致糟糕的后果——至少我是这么认为的。

尤其，人们会为了获得快乐而追求快乐[9]，或者至少会以一种错误的方式追求快乐。有一些研究考察了人们追求快乐的动机有多强，其做法是让被试对一些表述的认同度打分，比如，"感到快乐对我极其重要""每时每刻的快乐程度决定了我人生的意义"。对这些陈述表示高度认可的被试过上良好生活的可能性更小，而更有可能陷入抑郁和孤独状态[10]。

说到这里，有人会对这一结论的因果关系的方向产生怀疑。也许不是追求快乐让人们陷入抑郁和孤独，而是抑郁和孤独的人更有动机去追求快乐。但有一些实证研究证明，刻意寻求快乐确实会有负面后果。在一项研究中，研究人员要求一部分被试在听斯特拉文斯基的《春之祭》(*Rite of Spring*)[11] 时让自己开心起来，而另一部分被试则只是听乐曲，结果前者的情绪变得更糟了。另一项研究发现，相比看一部喜剧片，在读过一篇探讨快乐的好处的文章之后，被试更不快乐了，而研究人员本来预计读文章会让被试更看重快乐。这表明刻意专注于快乐似乎并不能带来快乐[12]。

针对这一现象，心理学家福特和爱丽斯·莫斯（Iris Mauss）提出了一些解释。也许当你在追求快乐时[13]，你为达成目标设置了不现实的、过高的标准，从而让你做好了达不成目标的准备。也许有意识地追求快乐使你时常去想你有多么快乐，反而妨碍了你感受快乐，这就像是如果你总在想你怎么才能给爱人一个美妙的吻，有可能妨碍你的亲吻表现。

最好的也是他们强调得最多的解释是，人们并不十分清楚是什么让他们感到快乐。于是，追求与表扬和奖赏有关的外在目标[14]，比如，追求美貌、赚钱、寻求社会地位，会使人们更不快乐，更不满意，还更有可能患上抑郁症、焦虑症和精神疾病。一项总结了 258 份研究报告的元分析发现，"被试相信拥有钱财对于幸福和成功的生活的重要性越大，就越会认为自己更不幸福，人生满意度更低，个人精力和自我实现水平更差，更容易患抑郁症、焦虑症和一般精神疾病"。

是的，我知道我之前说过，金钱与幸福有关。这与上述结论并不矛盾。拥有金钱的确会让人觉得幸福；而让人觉得不那么幸福的，是对金钱的追求。有意思的是，追求金钱最好的方式，是在追求其他有意义的行为过程中顺带赚钱。

于是，问题看上去不在于追求快乐本身，而在于以哪种方式追求快乐。事实上，跨文化研究[15]发现，在部分集体主义社会中，追求快乐与追求幸福是相关的，这也许是因为努力追求快乐的过程有社交参与性质，包括与朋友和家人的联结。而在美国这样的更推崇个人主义和消费主义的国家，追求快乐反而会适得其反，因为追求的方式是错误的。

快乐与意义可以兼得

成为享乐主义者又会如何呢？我们所感受到的体验的持续时长，即我们对当下的感受，只有2～3秒，大致相当于披头士成员保罗·麦卡特尼（Paul McCartney）唱出"嘿，朱迪"[16]这两个单词所花的时间。在此之前发生的所有事情都属于回忆，在此之后发生的所有事情都属于预期。如果一个人的人生完全致力于追求这类2～3秒的体验又会如何呢？或者用我们之前的话来讲，这种做法相当于用一生来追求体验式幸福，除此无他。我在本书第1章就提出，我们并非天生就是享乐主义者，我们有很多与享乐无关的追求目标。但也许我们应该成为享乐主义者，因为也许如果我们更多地追求快乐，生活会过得更好。

我认为，后一种想法是错误的，那样只会把生活搞得一团糟。但它仍不乏一些坚定的支持者。我最喜欢的对这一观点的辩护来自吉尔伯特[17]，他以一个例子开始了自己的论证：

> 所以，我也许是一个无耻的享乐主义者，喜欢在我家与奥运会游泳馆大小相同的泳池游泳，感受水的冰凉和照在我皮肤上的暖阳，我的享受状态可以被形容为愉快。偶尔，我会跳出泳池，休憩片刻，想想我的人生有多么空虚，我会为此难过几分钟，然后我会再次跳进泳池，游更长一段时间。

如果我们整天浸泡在泳池，我们的生活就会充满体验式幸福，却没有整体满意度和意义。这种情况会有多糟糕呢？

正如我们之前所看到的，很多人认为这不会是一种良好生活。卡尼曼向柯文讲述了自己的职业生涯故事，卡尼曼说："我对阅历的丰富性很感兴趣，而人们似乎并不愿意去尝试获得更多的阅历。他们确实想让自己以及自己人生的满意度最大化。"[18] 马修斯也说过类似的话。当然，还有约翰·斯图尔特·穆勒（John Stuart Mill）："做一个不满足的人胜过做一只满足的猪；做不满足的苏格拉底胜过做一个满足的傻瓜。如果傻瓜或者猪对此有不同的看法，那也只是因为它们对人生问题只有单一的看法。"[19]

这些反驳意见不会说服吉尔伯特改变看法。他指出，在泳池案例中，存在两种不同的有意识的体验，我们可以把它们类比为不同的两类人。一类是体验者，喜欢感受水的凉爽，煦日的温暖，属于快乐的人；另一类是观察者，喜欢从整体上对人生做出评判，并对人生感到失望。

吉尔伯特注意到，当我们有意识地思考这类问题时，我们就成了观察者，成了精神上的苏格拉底。这给人的印象似乎是，我们时刻都是观察者。但正如吉尔伯特所说，这就像是有人声称冰箱里的灯永远亮着，因为每当他打开冰箱门，灯都是亮的。事实上，吉尔伯特注意到，观察者在我们的生活中是很少见的。我们几乎不会花时间反思我们的整个人生。当你浸泡在泳池，感受着凉爽的水和温暖的阳光，与朋友开怀大笑时，或者与之相反，当你正在接受痛苦的牙齿手术时，又或者从高高的楼梯上摔下来时，你不会在那个时刻评价你的人生，你只是处于生活状态，是一个体验者。

因此，当我们询问观察者时就会听到这样的回答："人生不值得，我感到非常失望。"但如果我们询问体验者，比如，一头猪，我们就不会得到上述答案，因为体验者总是忙着享受快乐！关于这类问题，对体验者的任何询问都会让他们陷入沉默。

如果你正在为做决定征求意见，却只能听到两方中一方的声音，何况发声者即观察者的意见并不总是正确的，那么这种情况对于我们评价观察者显然是不公平的。想象一位男性喜欢跟自己的孩子、配偶和朋友待在一起，但每过一段时间，一想到他的事业，以及别人比自己更成功，赚了更多的钱，他就会为自己缺乏事业心、不愿在工作上投入更多时间而感到心烦。就这个例子而言，作为体验者的自己很快乐，而作为观察者的自己则不快乐。然而，尽管不快乐，但观察者没必要对自己的人生感到失望，这一点难道不是很明显吗？

吉尔伯特认为，搞清楚何谓良好生活的唯一公平的方式就是进行"时间加权"（duration weighting）：看看我们花多少时间在快乐的事情上，花多少时间在不快乐的事情上，然后把两者的得分加总。当你反思你的人生时，你可能会感到痛苦，但如果你每周只反思两个小时，那么这对于你的人生评价而言就是无足轻重的。为了帮助我们理解他的观点，吉尔伯特写道：

> 我也许能让你至少领略一下"时间加权"的吸引力，我的做法是，问你会为自己的孩子而非你自己——你亲爱的内心的苏格拉底，选择怎样的人生。你是希望你孩子的人生花很少的时间反思，其余大多数时光都过得很快乐呢，还是相反？……我们很难想象让我们的孩子每天有 23 个小时不开心，而只有一个小时开心。

如果我认为这个问题不值得认真对待，我就不会花这么长的篇幅来探讨它了。事实上，我不完全认同吉尔伯特的看法。

首先，让我思考我孩子的一生并不会达到吉尔伯特想要的效果。我是一个动机多元论者，这意味着我不可能只让我的孩子每天开心一个小时。另外，如果我的儿子成了快乐的"沙发土豆"①，浪费生命，我会相当失望。按照穆勒的说法，体验者的另一种称谓叫作"猪"，谁希望自己的孩子成为猪呢？

---

① 最早于 20 世纪六七十年代由美国人提出，指的是那些拿着遥控器，蜷在沙发上看电视吃炸土豆片的人。现在用于描述习惯于这种不健康生活方式的人。——编者注

　　其次，我不认为苏格拉底和猪能够相提并论。正如穆勒所说，无论是体验者还是猪，对人生的看法都是单一的。苏格拉底会质疑享乐主义的价值，而这正是我们在探讨的问题。苏格拉底很在意自己的言行对他人的影响，因此他的智慧让他容易受到卑劣的意识形态的伤害[①]，而一头猪只能是一头猪。如果非要选择，我宁愿听取苏格拉底的建议，因为他知道猪不知道的事情，他是智慧之人。

　　人们理应过一种有目标、有计划的人生，这种人生能让你与他人产生联结，能让你努力改善他人的生活。而如果以"时间加权"作为评判依据，最好的人生就是可以永无止境地酗酒的瘾君子的生活，或者身处我们在第 1 章提到的进入诺齐克的体验机器中的人所过的那种生活。又或者，一个快乐的施虐狂，以全世界人民遭受的痛苦为乐。如果有人坚称这些算不上良好生活，那我对此无异议，我也不认为这一道德立场存在什么争议。

　　还有其他理由让我们不要将自己的余生"浸泡"在吉尔伯特式的泳池中。你有可能已经厌倦了待在泳池，我认为，这正好表明，过有意义的人生与过快乐的人生通常是可以兼得的。比如，完成一个耗时很长、难度很大的项目能给我们带来新鲜感和兴奋感，避免了享乐主义者面临的一个大问题：无聊。尽管一个人内在的观察者和体验者所追求的目标可以是相互冲突的，而且的确经常如此，但良好生活仍能让两者兼容。

---

① 此处相关背景为，苏格拉底被冤屈地判处死刑后，本可以选择逃走，但他认为自己作为年轻人的楷模，逃走不是光明正大的行为，会造成不良的社会影响，因此拒绝这么做。——译者注

自愿受苦可以成为联结感、
归属感与爱的来源

　　本书大部分内容都在深入探讨自愿受苦能产生和增强愉悦感，而这种自愿受苦是有意义的行为和有意义的人生的基本组成部分，在通常情况下值得去做。我将再次引用扎迪·史密斯的话："痛苦的分量与其价值的分量相当。"有时，痛苦是对价值的恰当承认。

　　因此，虽然情况并非总是如此，但痛苦通常是件好事。有时我们过于回避它，有时又过于沉溺其中。

　　让我们回到前面举过的一个例子。在上一章，我们探讨了人们何以认为痛苦的存在有其自身的逻辑，这是因为有些人坚信凡事皆有原因。甚至青少年也倾向于这么认为，而且随着年龄增长，这种想法会得到强化。

　　"凡事皆有原因"的观点会引发指责，因为它意味着人们的遭遇是应得的——因果报应。这会导致对倒霉的、生病的、受到欺负的人（有时也包括对自己）产生条件反射般的指责，也会导致对他人的不同情和冷漠。如果没有意外事件发生，并且每件事最终都是在实现某种更高的善，那为什么还要这么努力地让情况变得更好？

　　此外，凡事皆有原因，这种信念是错误的，并且我们也不应该相信错误的事情理应发生。你不必完全认可道金斯的观点，即宇宙呈现出"我们理应期待它具有的那些特征：归根结底，宇宙没有设计者、没有目的、没有邪恶和良善，只有盲目、无情的冷漠"[20]。世界上并不存在神圣公义或因果报应，只有当个人和社会努力寻求时，人们的生活事件才会以公平和正义的方式发生。我们应该努力克服我们天生就有的思维惯性，即认为凡事皆有原因。

在本章，还有一个问题需要得到关注，即有多少人会将痛苦与善联系起来。我们不仅会以某个行为的意图和结果来评判其价值，还会考虑行善者遭遇了多少痛苦。这使得我们在做出道德评价时会将那些不涉及痛苦的善行打折扣，而将那些经历了痛苦的善行拔得更高。然而，这种评价方式是愚蠢的。有时，利他的行为在让世界变得更好的同时，也会让做出利他行为的人更开心、更富有。当人们仇视那些通过改善他人生活而赚取财富的人，甚至觉得这种人还不如那些好吃懒做之人时，他们就是在妨碍那些让世界变得更好的行为的开展。

最后，自愿受苦本身就可以成为人们要追求的目标，并且能与其他善行区隔开来。在《疼痛的身体》一书中，斯凯瑞提到，艺术家是"最真实的那类苦行僧"[21]，不过这句话并非溢美之词，她担心艺术家的经历和作品"或许在无意间疏忽了对急需帮助的他人的关心"。相比真正地帮助周围的受苦者，间接体验虚构人物如安娜·卡列尼娜或者像戴安娜王妃这样的离自己很遥远的人物的痛苦会更加有趣，因为真实世界的受苦者没那么有趣，他们需要得到我们的关注，需要让我们付出努力和资源，并且还经常不感激我们对他们的帮扶。

在一篇题为《共情的陈词滥调》（ *The Banality of Empathy* ）的文章中，纳姆瓦利·瑟佩尔（Namwali Serpell）提出了类似的观点，她引用了卢梭的话：

> 在为这些虚构故事感动流泪的过程中，我们在没有任何
> 付出的情况下就已经体验了人性的丰富。而真实世界的不幸
> 之人则需要得到我们的关注、安慰、劝勉和付出，这会让我
> 们身处他们的痛苦之中，并且至少需要让我们克服自身的
> 懒惰。[22]

当面对公众时，向他人呈现自己令人怜悯的痛苦可以得到关注、友善和爱，在某些圈子里，甚至能得到某种权威。我们在社交媒体上看到了这方面的极端例子，人们经常拼命想要别人关注自己的痛苦，而这些痛苦是由他人的痛苦引发的。感受间接的痛苦可能也会满足人际联结的需求。詹姆斯·道斯（James Dawes）写道："存在一种深度的满足感和一种悲伤的快乐，它们来自对痛苦的共同体验，来自分享一个人的悲痛，以及感受另一个人的重担。有时，我认为这是人的一种基本需求：渴望联结，渴望超越大多数人际互动中的那种低劣品质。"[23]

我并不像其他人那样担心体验间接的痛苦会妨碍我们帮助真实世界中的不幸者。不过，先抛开实践问题不论，我的确也有这样的直觉，即承受某些间接痛苦会造成令人厌恶的后果。研究第二次世界大战大屠杀的学者伊娃·霍夫曼（Eva Hoffman）谈到了20世纪60年代人们对集中营幸存者的关注风潮，这是一种道德上的"深度盗窃"（depth larceny）[24]，通过这种"盗窃"，富有的美国人向他人炫耀自己与多少幸存者建立了关系。霍夫曼提到了一个派对上的一场对话。她听到一个人正在谈论自己有一个朋友，是德国布痕瓦尔德集中营的

幸存者，另一个人则回应说，他的一个邻居是奥斯威辛集中营的幸存者。这种炫耀无疑是自恋的、无礼的。

我们选择遭受痛苦并不必然是件好事，它在实践上和道德上都有风险。

以正确的方式、适当的程度、正确的时间选择自愿受苦，可以为人生增添意义。我在本书开篇捍卫了动机多元论。我们希望人生丰富多彩，而痛苦可以增加其丰富度。自愿受苦能产生巨大的快乐，也是我们认为让人生有意义的一种基本体验。它能让我们与他人产生联结，能成为归属感和爱的来源。它反映了深层次的心智情绪和内心感受。

我们对痛苦的探讨也是对人类境况的探讨。我们愿意承受痛苦，这道出了关于我们是谁的某些重要之处。至少它向我们表明，那些关于我们想要追求什么的简单理论是错误的。我们是复杂的动物，拥有各种动机和欲望，并以各种令人称奇的方式得到满足。

奥尔德斯·赫胥黎（Aldous Huxley）很好地强调了这一点。其出版于 1932 年的小说《美丽新世界》（*Brave New World*）描述了一个稳定的、受控的和由药物引发快乐的社会，这样的社会除了追求快乐和愉悦的最大化，将其他一切都牺牲掉了。在该书尾声部分，官方代表穆斯塔法·蒙德（Mustapha Mond）与反抗官方体制的约翰展开了一场对话。蒙德激昂地为快乐的价值辩护，进而谈到了随着神经干预技术的发展，这种技术可以让人们的快乐最大化，从而让人生变得便捷而轻松。他总结道："我们喜欢做让自己舒适的事情。"[25]

约翰回应道："但我不想要舒适，我想要诗歌，我想要真正的危险，我想要自由，我想要良善，我想要有罪。"

没有任何总结比约翰这番话更能道尽何谓人性。

致 谢

　　我要感谢很多人的帮助。当我与他们在对话、研讨会、播客节目上探讨书中观点的早期版本时，我从他们那里获得的诸多深思熟虑的评论和意见对形成我自己的关于快乐和痛苦的观点产生了巨大的影响。在写作过程中，当我通过电子邮件把书稿发给很多学者，包括我尚不认识的学者时，他们友善地提供了有益的评论和建议。本书的诸多内容来自我与朋友们的随意交谈，他们有的会讲一个故事，有的会谈到他们刚读过的最新研究文献，有的会巧妙地重复我想要表达的内容。我把他们说的都记录了下来，以便随后采用。

　　我知道，我已经忘了一些人的名字，对此我感到抱歉，但我还是要特别感谢：内德·布洛克（Ned Block）、莱昂娜·布兰德温（Leona Brandwene）、尼古拉斯·克里斯塔科斯（Nicholas Christakis）、查兹·费尔斯通（Chaz Firestone）、布雷特·福特、德博拉·弗里德（Deborah Fried）、萨姆·哈里斯（Sam Harris）、尤尔·英巴（Yoel

Inbar）、迈克尔·因兹利奇、朱利安·贾拉－埃廷格（Julian Jara-
Ettinger）、保罗·乔斯（Paul Jose）、戴维·凯利（David Kelley）、乔
舒亚·诺布、路易莎·隆巴德（Louisa Lombard）、杰弗里·麦克唐
纳（Geoffrey MacDonald）、格雷戈里·墨菲（Gregory Murphy）、迈克
尔·诺顿（Michael Norton）、加布里埃尔·厄廷根、安妮·墨菲·保
罗（Annie Murphy Paul）、劳里·保罗（Laurie Paul）、戴维·皮
萨罗、阿齐姆·沙里夫（Azim Shariff）、塔姆勒·萨默斯（Tamler
Sommers）、埃米·斯塔曼斯（Amy Starmans）、雅科夫·特罗普
（Yaacov Trope）、格雷姆·伍德（Graeme Wood）、卡伦·威恩（Karen
Wynn）、迪米特里斯·西加拉塔斯、格蕾丝·齐默（Grace Zimmer）。

在 2020 年年初，我完成了本书的初稿，并与我在耶鲁大学
的学生和同事进行了三次讨论。我要感谢参与者在此过程中提出
的洞见，他们包括：皮纳·奥尔丹（Pinar Aldan）、索菲·阿诺
德（Sophie Arnold）、马里奥·阿蒂（Mario Attie）、杰克·比德尔
（Jack Beadle）、妮科尔·贝茨（Nicole Betz）、卡利·塞西尔（Karli
Cecil）、弗拉德·奇图克（Vlad Chituc）、乔安娜·德玛丽－科顿（Joanna
Demaree-Cotton）、布赖恩·厄普（Brian Earp）、埃米莉·格丁（Emily
Gerdin）、朱莉娅·马歇尔（Julia Marshall）、劳里·保罗、马德琳·赖
内克（Madeline Reinecke）、亚历克莎·萨奇、安娜－凯特琳·萨塞
克斯（Anna-Katrine Sussex）、凯特·扬（Kate Yang）、凯瑟琳·齐什
卡（Katherine Ziska）。

我还要特别感谢扎卡里·布卢姆、亚罗·邓纳姆（Yarrow Dun-
ham）、弗兰克·基尔（Frank Keil）、马蒂·威尔克斯（Matti Wilks），
你们对整部书稿提供了非常有帮助的评论。

特别值得一提的是丹尼尔·吉尔伯特，他让我看到，想要把本书的核心主题处理好是极为困难的，同时也给了我许多有用的建议——谢谢你，吉尔伯特！格雷姆·伍德可以赢得"最怪异意见奖"，他建议本书封面应该使用一张我被绑住的照片。

这是我与我的经纪人卡廷卡·马特松（Katinka Matson）合作的第5本书，我要一如既往地感谢她提出的好建议和敏锐的洞见。我很幸运有她作为我的经纪人。这是我第二次与聪明而热情的编辑丹尼丝·奥斯瓦尔德（Denise Oswald）合作，他对本书早期版本所给出的中肯评论极具价值。

感谢威尔·帕尔默（Will Palmer）做了出色的校对工作，我想几乎没人会像他那样如此仔细地审读本书。

本书写于我人生的转折期，因此我要特别感谢那些让我保持内心平静、给我巨大支持的人，尤其要感谢弗兰克·基尔、格雷戈里·墨菲、劳里·保罗、格雷姆·伍德，以及我优秀的儿子马克斯·布卢姆（Max Bloom）和扎卡里。我要对被新冠肺炎疫情分隔开的在加拿大和美国的家人们表达我最深的爱意，感谢你们对我的友善和支持。

我最该感谢的人是我的妻子克里斯蒂娜·斯塔曼斯（Christina Starmans），本书的每一个观点都是我在与她交谈的过程中形成的，她还对本书早期版本提出了诸多评论，通常都极为有趣。如果你发现有些章节写得不好，例子举得不恰当，或者笑话不好笑，那都是因为我没有采纳她的意见。本书大部分内容写于多伦多，这是我和她并肩从事研究的地方。我们会大声向对方提出疑问，或者向对方报告刚在网上看到了什么好东西，并反复推敲，试图抛出一些新观点，或者就已经写出来的内容从对方那里获得反馈。克里斯蒂娜的陪伴使得写作本书成为一段愉快的旅程。

你所读到的大部分内容都与如何在快乐和目的、愉悦和意义之间寻求适度平衡有关。正因为有了克里斯蒂娜，我才找到了自己的"甜蜜点"。我要把这本书献给她。

未来，属于终身学习者

我这辈子遇到的聪明人（来自各行各业的聪明人）没有不每天阅读的——没有，一个都没有。巴菲特读书之多，我读书之多，可能会让你感到吃惊。孩子们都笑话我。他们觉得我是一本长了两条腿的书。

——查理·芒格

互联网改变了信息连接的方式；指数型技术在迅速颠覆着现有的商业世界；人工智能已经开始抢占人类的工作岗位……

未来，到底需要什么样的人才？

改变命运唯一的策略是你要变成终身学习者。未来世界将不再需要单一的技能型人才，而是需要具备完善的知识结构、极强逻辑思考力和高感知力的复合型人才。优秀的人往往通过阅读建立足够强大的抽象思维能力，获得异于众人的思考和整合能力。未来，将属于终身学习者！而阅读必定和终身学习形影不离。

很多人读书，追求的是干货，寻求的是立刻行之有效的解决方案。其实这是一种留在舒适区的阅读方法。在这个充满不确定性的年代，答案不会简单地出现在书里，因为生活根本就没有标准确切的答案，你也不能期望过去的经验能解决未来的问题。

而真正的阅读，应该在书中与智者同行思考，借他们的视角看到世界的多元性，提出比答案更重要的好问题，在不确定的时代中领先起跑。

湛庐阅读App：与最聪明的人共同进化

有人常常把成本支出的焦点放在书价上，把读完一本书当作阅读的终结。其实不然。

时间是读者付出的最大阅读成本

怎么读是读者面临的最大阅读障碍

"读书破万卷"不仅仅在"万"，更重要的是在"破"！

现在，我们构建了全新的"湛庐阅读"App。它将成为你"破万卷"的新居所。在这里：

● 不用考虑读什么，你可以便捷找到纸书、电子书、有声书和各种声音产品；

● 你可以学会怎么读，你将发现集泛读、通读、精读于一体的阅读解决方案；

● 你会与作者、译者、专家、推荐人和阅读教练相遇，他们是优质思想的发源地；

● 你会与优秀的读者和终身学习者为伍，他们对阅读和学习有着持久的热情和源源不绝的内驱力。

下载湛庐阅读 App，
坚持亲自阅读，
有声书、电子书、阅读服务，
一站获得。

CHEERS

本书阅读资料包
给你便捷、高效、全面的阅读体验

本书参考资料

- ☑ **参考文献**
  为了环保、节约纸张, 部分图书的参考文献以电子版方式提供

- ☑ **主题书单**
  编辑精心推荐的延伸阅读书单, 助你开启主题式阅读

- ☑ **图片资料**
  提供部分图片的高清彩色原版大图, 方便保存和分享

相关阅读服务

- ☑ **电子书**
  便捷、高效, 方便检索, 易于携带, 随时更新

- ☑ **有声书**
  保护视力, 随时随地, 有温度、有情感地听本书

- ☑ **精读班**
  2~4周, 最懂这本书的人带你读完、读懂、读透这本好书

- ☑ **课 程**
  课程权威专家给你开书单, 带你快速浏览一个领域的知识概貌

- ☑ **讲 书**
  30分钟, 大咖给你讲本书, 让你挑书不费劲

湛庐编辑为你独家呈现
助你更好获得书里和书外的思想和智慧, 请扫码查收!

(阅读资料包的内容因书而异, 最终以湛庐阅读App页面为准)

本书中文简体字版经 Paul Bloom 授权在中华人民共和国境内独家出版发行。未经出版者书面许可，不得以任何方式抄袭、复制或节录本书中的任何部分。

著作权合同登记号：图字：01-2022-6711 号

图书在版编目（CIP）数据

苦难的意义 /（加）保罗·布卢姆（Paul Bloom）著；王培译. -- 北京：中国纺织出版社有限公司，2023.3

书名原文：The Sweet Spot

ISBN 978-7-5229-0200-5

Ⅰ. ①苦… Ⅱ. ①保… ②王… Ⅲ. ①心理学—通俗读物 Ⅳ. ①B84-49

中国版本图书馆CIP数据核字（2022）第254516号

责任编辑：柳华君　责任校对：高　涵　责任印制：储志伟

中国纺织出版社有限公司出版发行

地址：北京市朝阳区百子湾东里 A407 号楼　邮政编码：100124

销售电话：010—67004422　传真：010—87155801

http://www.c-textilep.com

中国纺织出版社天猫旗舰店

官方微博 http://weibo.com/2119887771

石家庄继文印刷有限公司印刷　各地新华书店经销

2023年3月第1版第1次印刷

开本：710×965　1/16　印张：17　插页：1

字数：209千字　定价：99.90元

凡购本书，如有缺页、倒页、脱页，由本社图书营销中心调换